Examen de Entrenamiento para el

Examen de Admisión del 2014

Examen de Diciembre del 1974

Examen de Entrenamiento para el Examen de Admisión del 2014

Edmundo Llamas

Lulu, Inc.
Morrisville, North Carolina, USA

Edmundo Llamas: Trivia in a nutshell - Examen de Entrenamiento

ISBN 978-1-312-18758-0

Copyright © 2014, Edmundo Llamas Alba

Todos los derechos reservados. Ninguna parte de esta publicación puede ser reproducida o transmitida en ninguna forma o por ningún medio, electrónico o mecánico, incluyendo fotocopiado, grabación, o almacén de masa en sistemas informáticos, sin permiso escrito del dueño de los derechos.

Printed in the United States of America

Examen de Entrenamiento para el Examen de Admisión del 2014

Instrucciones para mejor resolver el Examen de Admisión

Lea con mucho detenimiento la primera parte del siguiente texto ANTES de contestar el examen. Téngalo y consúltelo mientras responde este Examen de Entrenamiento. Antes de contestar el Examen de Admisión al que se enfrentará en pocos días estudie cómo está estructurado, pero, sobre todo, trate de suponer cómo es la mente de quienes escribieron el examen: ¿Qué buscan en usted? ¿Qué están evaluando? ¿Cómo es, desde el punto de vista de ellos, el mejor estudiante universitario? ¿Cómo es el mejor estudiante de medicina? Recuerde que, por encima de cualquier otro objetivo, buscan seleccionar a aquellos aspirantes que mejor demuestran su habilidad para la lectura, para la comprensión de las preguntas, y para la comprensión de pequeños textos.

La primera dificultad a superar por su parte es la comprensión de las preguntas: ¿qué le están preguntando en cada una de ellas? ¿Qué le están preguntando realmente? ¿Por qué la pregunta está estructurada así? Por supuesto que quieren saber si usted tiene en la memoria algunos datos que ellos consideran fundamentales, pero más que nada, buscan seleccionar a aquellos aspirantes capaces de dar con la opción correcta solamente porque leyeron bien la pregunta.

La siguiente sencilla técnica le permitirá tener varios aciertos más: Localice las partes fáciles y las partes difíciles del documento. Ya con una idea clara del examen que tiene que enfrentar planee su forma de resolverlo: comience por las preguntas más fáciles. Esto le dará una sensación de fuerza, un estado de ánimo de poder, que le ayudará a resolver las preguntas más difíciles.

Las preguntas más difíciles brínqueselas, márquelas con una gran cruz, y vaya a la siguiente pregunta fácil que encuentre. Tómese su tiempo, asegúrese de tener bien todas las preguntas que para usted son fáciles. Es muy importante que deje las preguntas difíciles para el final. Hay una razón de peso: las preguntas más difíciles son las que tienen una mayor probabilidad de que usted las resuelva erróneamente. ¿Para qué gastar el mejor de su tiempo, aquel en el que usted está fresco de la mente, tratando de resolver lo imposible? Dedique lo mejor de su mente, y de su tiempo, a aquello que con mayor probabilidad le puede generar respuestas exitosas. Si piensa estudiar ahora póngase como objetivo el reforzar sus áreas fuertes. No intente fortalecer sus áreas débiles porque no lo va a lograr y solo desperdiciará su irrepetible tiempo. No se empecine: si repasa lo que ya domina es más probable que sus resultados mejores. En cambio, si intenta aprender apenas cosas que nunca ha sabido solo se hará bolas y perderá horas preciosas.

Recuerde pues que al enfrentarse a cada una de las preguntas primero tiene que asegurarse que ha leído todas las palabras que la componen. Si no entiende todas las palabras, trate de entender la pregunta con las palabras que sí comprende. Y trabaje en las opciones: empiece por descartar aquellas que usted está razonablemente seguro que no tienen nada qué ver con lo que se le pregunta. Para esto utilice inteligentemente la información que con tanto esfuerzo ha ido juntando a lo largo de los últimos meses. Porque si la opción correcta, la primera que piensa después de haber leído la pregunta, no está entre las opciones, es tiempo de trabajar inversamente: busque las opciones erróneas y elimínelas.

Acepte la idea de que uno tarda años en aprender a leer. Sólo usted, en lo profundo de su conciencia, sabe si ha llegado ya a ese punto. Cuando así sea, usted se dará cuenta. Adentro de su cabeza, la lectura sonará de otro modo: sonará a correcta, a fácil, a la nuez de la cuestión, a tuétano de la pregunta.

Aprender a leer es una destreza que se adquiere. <u>Entre más preguntas practique más hábil será</u>. En ese espíritu es que se le entrega este examen. Hágalo con la misma convicción que el deportista de alto rendimiento deposita en su entrenamiento.

Por otro lado, no olvide considerar el tiempo disponible, que aunque suficiente, es un factor a incluir siempre en la metodología que usted aplique en su desempeño.

Antes de leer las opciones asegúrese que entiende bien lo que se le pregunta. Si no, las opciones serán tan persuasivas que lo jalarán a la respuesta incorrecta.

Empiece por las preguntas más fáciles. Todas las preguntas valen lo mismo. Siempre que pueda use aproximaciones numéricas. Evite fatigarse con cálculos innecesarios. Base sus respuestas en los datos proveídos en la pregunta, NO en su propio conocimiento. Aténgase a su personal proceso de eliminación de opciones, el que ya ha usado antes, no improvise métodos durante el Examen de Admisión. Si va a improvisar hágalo ahora, en este Examen de Entrenamiento. Si no sabe una respuesta, invente. En las lecturas de comprensión, en inglés o en español, lea primero las preguntas. Vaya a las lecturas de comprensión sabiendo qué le van a preguntar.

En Física y Matemáticas, siempre que pueda, conjeture la respuesta. Tal vez las opciones son tan diferentes entre sí que puede ahorrarse un problema.

En las secciones de Biología, Química, Física y Matemáticas trate de colocarse en el papel de la Comisión de Admisión. Ellos quieren evaluar cómo es que usted razona, cómo resuelve problemas, qué tan organizada está su mente. No andan buscando un cerebro como esponja que absorba información. Es crucial que con los principios básicos de la ciencia pueda manejar problemas a los que no se ha enfrentado jamás. Este es el tipo de flexibilidad mental que evalúa el Examen de Admisión. Es una forma de abstracción. Se le presentarán escenarios poco familiares, cosas de las que nunca ha oído hablar. Debe tomar ese escenario desconocido y trasplantarlo a un escenario que le resulte familiar. Haga dibujos de todo lo que no entienda. Por ejemplo: la mitad de los problemas de física que ha tenido mal se resolverían si hubiese hecho un dibujo. Recuerde que NO le pueden preguntar cosas imposibles, pero sí pueden envolverlas en tales palabras que, al principio, le resulten desconocidas. Esa es la idea, quieren ver si es capaz de sustraer lo importante que un "rollo" pueda contener.

Más de la mitad de las preguntas le resultarán desconocidas. Esto es así porque el Examen de Admisión está diseñado para que sea extremadamente difícil. Sin embargo, una segunda lectura le revelará puntos familiares, comunes a otros temas que usted sí sabe, a temas para los que sí se ha preparado. Agárrese de estas aristas y conteste lo mejor posible. Descarte las opciones francamente erróneas, y de las dos o tres que le queden descarte también la que crea que es una distracción puesta ahí por la Comisión de Admisión.

No se sienta mal de ignorar tanto. Si usted se siente mal le está cediendo su lugar a otro aspirante. La Comisión quiere descartar a aquellos que no son buenos tolerando la frustración. La Comisión quiere fatigarlo, para que usted se derrote a sí mismo. Trate de no seguir este juego. Recuerde este texto en ese momento difícil, usted se preparó para ello. Usted ya sabía que la mitad del examen resultaría incomprensible. Cambie de pregunta, vaya a alguna que sí sepa. Desplácese mucho dentro del cuadernillo de preguntas. Nadie le va a dar un premio por irse en orden, al contrario, sólo los tercos se empecinan en seguir un orden. Adáptese a la situación.

No le añada complejidad a una pregunta que no la tiene. En algunos casos habrá preguntas sencillas. Sólo asegúrese que leyó todas las palabras de la pregunta. Use el cuadernillo de preguntas, ráyelo intensamente. Llévese lápices de sobra.

No puede darse el lujo de ser minucioso. Las tendencias perfeccionistas que hicieron de usted un buen estudiante de Preparatoria, y que lo hacen incluso ahora un buen candidato a estudiante de medicina, pueden ser nocivas durante el Examen de Admisión. Por ejemplo, si es de los que acostumbran trabajar intensamente en una pregunta hasta obtener una respuesta, o de los que leen completa y minuciosamente una lectura de comprensión antes de permitirse ver las preguntas, estará inútilmente agotado antes que los demás aspirantes. No tiene que entender todas las palabras de un texto para poder contestar las preguntas que siguen. Lea primero lo que le van a preguntar de ese texto, así evitará atorarse en algo que ni le preguntan.

No trabaje de más en el examen. No puede dedicarse 20 minutos a una sola pregunta. No porque le vaya a faltar el tiempo, sino porque se está agotando físicamente en tan solo 1/120, 1/150, o 1/200 de todo el examen. Durante el resto del examen tendrá un déficit de atención, una gran fatiga, y contracturas musculares en la espalda que lo agotarán.

Trate de verse a sí mismo desde fuera de usted. ¿Con qué actitud está en el examen? ¿Está relajado? ¿Se está divirtiendo? ¿Está cómodamente sentado? ¿Se puede recargar de vez en cuando? ¿Tiene calor? ¿Hay ropa que se pueda quitar?

Si una pregunta está completamente fuera de su alcance, lea las opciones cuidadosamente tratando de obtener información de ellas. Conteste y siga adelante. Ya no se regrese. Usted sabe que NO sabe, utilice esta información a su favor, regálese tiempo y esfuerzo en lo que SÍ sabe. Es más probable que si se dedica a lo que sí sabe lo resuelva correctamente. Recuerde que la Comisión de Admisión también quiere evaluar cómo maneja usted su tiempo.

El examen trae información innecesaria. No se frustre si a los problemas les sobran datos. Eso entró en los cálculos de los que diseñaron el examen. No caiga en las trampas. Algunas preguntas basadas en lecturas de comprensión realmente pueden responderse sin consultar el texto. No deje que la información innecesaria lo confunda.

Segunda parte

Calcule que estará sentado al menos cinco horas. La próxima vez que vaya al cine imagine lo que será ver dos películas seguidas sin poderse levantar a nada, y sin poder hablar con nadie. Conceptúe todas las secciones del examen como variaciones del mismo tema, ya que el propósito subyacente del mismo es evaluar sus mecanismos de pensamiento.

Contrario a lo que usted pueda creer, el Examen de Admisión no es un test intensivo ni en matemáticas ni en física. Es un examen de razonamiento que se puede responder sin mucho cálculo, ecuaciones diferenciales o matrices. Tampoco necesita mecánica cuántica. Basta con saber quebrados, geometría básica (triángulos, círculos, esferas, cubos, cuadrados), álgebra, exponentes, logaritmos, y un poco de trigonometría, particularmente los conceptos de seno y coseno de ángulos usuales y el teorema de Pitágoras. Recuerde que el examen lo hicieron personas que, como usted, decidieron dedicar su vida a la biología y NO a las matemáticas.

Controle sus nervios. La mitad de los malos resultados en el examen son por angustia. Sus exámenes de entrenamiento deben de servirle para aprender a dominar a sus nervios. El Examen de Admisión no sólo evalúa lo que usted sabe, sino la forma en cómo piensa. Memorizar fórmulas no le ayudará a sacar mejor calificación. Trate de entender los principios fundamentales de la física, los conceptos básicos de la química, las definiciones que entran en los fundamentos de las matemáticas.

Deje sólo para estudiar al detalle la biología. La medicina es una rama de la biología. Ahí sí es sensato detenerse en la letra pequeña, en la trama de los mecanismos intracelulares. En la organización de los órganos que forman los sistemas.

Recuerde que el Examen de Admisión lo compara a usted con el resto de los aspirantes. Nada más. No tiene que saberlo todo, basta con saber más que los demás.

Examen Final de Entrenamiento para el Examen de Admisión del 2014

Preguntas

Este examen consta 200 preguntas numeradas de la 1 a la 200. Contiene exclusivamente temas básicos para un buen preparatoriano. La idea es que le permita detectar aquellos puntos MUY ESPECÍFICOS que usted no domina y que todavía alcanzaría a repasar. Contéstelo realmente. No sólo lo lea. No es lo mismo pensar que usted sabe la respuesta correcta a decidirse a marcarla. Aunque le cueste trabajo creerlo este examen no contiene preguntas difíciles. Sólo elementos que un buen bachiller debe dominar.

En una segunda parte de este documento están las respuestas correctas. NO SE PONGA NERVIOSO. Para estudiar enfóquese primero a sus áreas débiles. Al ensayar NO deje pregunta sin contestar. Empiece por las preguntas que usted sabe que sabe. Déjese llevar por el instinto en aquellos temas que NO domina pero revise concienzudamente aquellos que SÍ domina.

No se vaya en orden. SIEMPRE conteste primero sus áreas fuertes. Deje para el final sus áreas difíciles. Deje para el final las preguntas más complicadas, aquellas de las que menos sabe. En suma, deje para el final lo más difícil.

Preguntas

1. ¿En qué se utiliza la epinefrina?
   a. aumenta el flujo de sangre al sistema digestivo
   b. como crema para mejorar la textura de la piel
   c. estímulo para el crecimiento del cabello
   d. mejora las funciones sexuales
   e. para revertir un paro cardiaco

2. Todas las formas de vida que hoy existen han resultado de procesos graduales de modificación de formas ancestrales:
   a. biología
   b. creacionismo
   c. evolución
   d. genética
   e. ontogenia

3. ¿Cuándo sucedió la divergencia entre humanos y chimpancés?
   a. hace 6 millones de años
   b. hace 35 millones de años
   c. hace 65 millones de años
   d. hace 10 000 años
   e. hace dos mil años

4. ¿Cuál es el subreino de las esponjas?
   a. Amebozoa
   b. Cnidarias
   c. Parazoa
   d. Perisodáctilos
   e. WC

5. ¿Dónde, invariablemente, ocurre intercambio de material genético?
   a. conjugación
   b. en cualquier ferretería
   c. meiosis
   d. mitosis
   e. mutación

6. En la cadena alimenticia ¿cómo se clasifica a las plantas verdes?
   a. autótrofas
   b. cianóticas
   c. consumidores
   d. productores
   e. tanatofagos

7. ¿Cuál es el constituyente esencial de la membrana celular, y en general de todas las membranas biológicas?
   a. agua
   b. bicapa lipídica
   c. colesterol
   d. glucocálix
   e. proteínas

8. ¿Cuál es el componente principal de la pared celular?
   a. celulosa
   b. colesterol
   c. fosfolípidos
   d. glucocálix
   e. pectina

9. ¿Cuál es la principal causa de muerte en el mundo?
   a. accidentes automovilísticos
   b. cáncer de mama
   c. cáncer de próstata
   d. diabetes
   e. enfermedad cardiovascular

10. ¿Cuál es el país con mayor índice de tabaquismo de acuerdo a la ONU?
    a. China
    b. Estados Unidos
    c. Japón
    d. Mongolia
    e. Rusia

11. ¿Cuál de los siguientes compuestos es una amenaza a la capa de ozono?
    a. bióxido de carbono
    b. clorofluorocarbonos
    c. metano
    d. monóxido de carbono
    e. monóxido de hidrógeno

12. ¿Cuál es la molécula de entrada al ciclo de Krebs?
    a. acetil CoA
    b. citrato
    c. malato
    d. oxalacetato
    e. succinil CoA

13. ¿Qué phila constituyen los deuterostomos?
    a. artrópodos, onicoforas y tardígrados
    b. cetognata, cicliofora y mesozoa
    c. cordados, hemicordados y equinodermos
    d. ecdysozoa, lofotrocozoa y platyzoa
    e. kinorrincha, priapúlida y loricífera

14. ¿Qué clase de protozoario es la *Entamoeba histolítica*?
    a. archamoebae
    b. ciliado
    c. esporozoario
    d. mastigóforo
    e. rodofita

15. ¿Cuáles son las subclases de la clase de los mamíferos?
    a. afrosoricidios, macroscélidos y tubulidentados
    b. cingulares, escandentados y pilosos
    c. hiracoideos, probóscidos y sirenos
    d. marsupiales, monotremas y placentarios
    e. quirópteros, roedores y soricomorfos

16. ¿Cuál es la organela más importante de los procariotes?
    a. lisosoma
    b. membrana celular
    c. mitocondria
    d. núcleo
    e. ribosoma

17. Es seguro que el cáncer:
    a. casi siempre se produce por un fenómeno de mutación
    b. es secundario a alteraciones en la síntesis y estructura del DNA
    c. es secundario a una alteración cromosómica
    d. es una enfermedad hereditaria
    e. se debe exclusivamente a la influencia del medio ambiente

18. ¿Qué es el ciclo de Calvin-Benson?
    a. aparición periódica de manchas en la corona del Sol
    b. cambios periódicos que ocurren en el endometrio y en el ovario
    c. la vía aerobia de la glucólisis
    d. las llamadas reacciones oscuras de la fotosíntesis
    e. modelo que predice el funcionamiento de una máquina de vapor

19. ¿Quién fue el primero en reconocer que las poblaciones pueden crecer de la manera representada en la gráfica?

    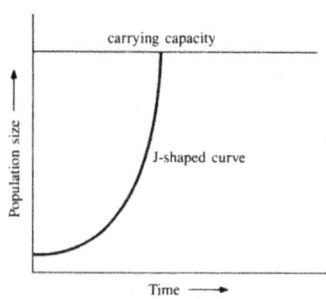

    a. Darwin
    b. Galton
    c. Goethe
    d. Malthus
    e. Marx

20. ¿Cuál de las siguientes opciones describe MEJOR lo que es un zwitterion?
    a. molécula neutra pero que posee cargas formales positivas y negativas en diferentes átomos
    b. molécula polar de alta solubilidad en el agua
    c. molécula polar de baja solubilidad en la mayoría de los compuestos orgánicos
    d. molécula que posee un enlace covalente coordinado
    e. una forma de enlace covalente dativo

21. ¿Cuál de las siguientes moléculas contiene hierro en su principal sitio activo?
    a. hemoglobina
    b. heparina
    c. lipoproteínas
    d. melanina
    e. neurofilamentos

22. ¿Cuál es la esencia de la diferencia entre la organela y la inclusión?
    a. la organela es secretada, la inclusión excretada
    b. la organela está presente en todas las células, la inclusión falta en algunas
    c. la organela está viva y la inclusión está muerta
    d. la organela hace funciones específicas, la inclusión no
    e. la organela tiene DNA, la inclusión no

23. ¿Qué función biológica y qué proceso químico desarrollan los autótrofos?
    a. fijan el carbono
    b. hinchan los tubérculos de ciertas raíces
    c. nutren a las plantas heterótrofas
    d. producen CO_2
    e. reciclan el hierro y el azufre

24. Ordene de más comprehensivo a menos:
    a. clase, familia, orden
    b. clase, orden, familia
    c. familia, orden, clase
    d. orden, clase, familia
    e. orden, familia, clase

25. Es la organela más importante de la célula porque representa el archivo genético, no sólo de la célula en cuestión, sino de todo el ser del que esa célula forma parte.
    a. Golgi
    b. mitocondria
    c. núcleo
    d. retículo endoplasmático rugoso
    e. ribosoma

26. ¿En el momento actual cuál es el principal mecanismo de transmisión del VIH?
    a. agujas contaminadas
    b. contacto sexual
    c. el beso profundo o "francés"
    d. transmisión por vectores (mosquitos)
    e. transfusión de sangre contaminada

27. ¿Cuál célula se distingue especialmente por sus funciones de fagocitosis?
    a. basófilo
    b. eritrocito
    c. linfocito
    d. macrófago
    e. neutrófilo

28. ¿Cómo se llaman las proteínas básicas asociadas al DNA?
    a. histonas
    b. no histonas
    c. cromosoma
    d. cromatina
    e. núcleo

29. ¿Qué molécula resulta de la transcripción?
    a. DNA
    b. glucocálix
    c. priones
    d. proteínas
    e. RNA

30. ¿Cómo se llaman los componentes biológicos de un ecosistema?
    a. abiota
    b. biota
    c. ecosistema
    d. nicho
    e. pirámide

31. Califique usted al HI (ácido yodhídrico):
    a. ácido débil
    b. ácido fuerte
    c. ácido intermedio
    d. ácido orgánico
    e. oxiácido

32. Es el radical bicarbonato ionizado:
    a. CO_3^{2-}
    b. HCO_3^-
    c. ClO_2^-
    d. ClO_3^-
    e. ClO_4^-

33. ¿Qué es un quelante?
    a. es la principal proteína del caparazón de las tortugas
    b. es una molécula que liga (atrapa) metales
    c. un filamento intermedio en forma de flecha
    d. una molécula con funciones de buffer
    e. una molécula que invariablemente se liga a la albúmina

34. ¿Qué cantidad de oxígeno se produce al descomponer 80 g de agua?
    a. 26.66 g
    b. 53.33 g
    c. 71.11 g
    d. 77.09 g
    e. 80.00 g

35. El 17 de octubre del 2006, en la zona urbana de San Luis Potosí se derramaron 13 000 L de una solución oleosa de H_2SO_4. ¿Por qué la reacción química de la hidratación súbita del ácido sulfúrico (H_2SO_4) es peligrosa?
    a. porque horada el asfalto
    b. porque mancha la ropa
    c. porque produce mucho calor
    d. porque produce vapores irritantes
    e. porque tiñe el cielo

36. ¿Cuántos miligramos de iones sodio hay en una muestra de 1.5 L de agua que tiene 285 ppm del ion?
    a. 100
    b. 125
    c. 214
    d. 428
    e. 856

37. ¿Cuántos gramos pesan 1.8385 moles de sulfato de calcio?
    a. 11 g
    b. 161 g
    c. 191 g
    d. 250 g
    e. 819 g

38. ¿Cuántos gramos de azúcar ($C_{12}H_{22}O_{11}$) se tienen que disolver en 825 gramos de agua para preparar una solución al 20 por ciento?
    a. 62 g
    b. 103 g
    c. 166 g
    d. 300 g
    e. 412 g

39. ¿Cuántas moléculas hay en un litro de agua pura?
    a. 1.08×10^{25}
    b. 3.34×10^{25}
    c. 5.55×10^{23}
    d. 6.023×10^{23}
    e. 18×10^{23}

40. ¿Cuántas moléculas hay en 200 gramos de CO_2?
    a. 0.455×10^1
    b. 2×10^2
    c. 2.74×10^{24}
    d. 8.8×10^3
    e. 9.11×10^2

41. ¿Cuál es la valencia del cloro, su número atómico y su peso molecular?
    a. -3, 15 y 31 uma
    b. -2, 8 y 16 uma
    c. -2, 16 y 32 uma
    d. -1, 17 y 35.5 uma
    e. ±4, 6 y 12 uma

42. ¿Cual es la valencia, peso y número atómico del calcio?
    a. +1, 1 uma y 1
    b. +1, 23 uma y 11
    c. +1, 39 uma y 19
    d. +2, 4 uma y 2
    e. +2, 40 uma y 20

43. ¿Cuál es la fórmula del tiocianuro cobaltoso?
    a. $Co(SCN)_2$
    b. $Co(SCN)_3$
    c. $Co(SCN)_4$
    d. $Co(SCN)_6$
    e. $CoSCN$

44. ¿Cuál es la fórmula del ácido acético glacial?
    a. C_2H_2
    b. CH_2OH
    c. CH_3CO
    d. CH_3COOH
    e. CH_8H_9NO

45. ¿Cuál es la fórmula de la glucosa?
    a. $C_5H_{10}O_5$
    b. $C_6H_{12}O_5$
    c. $C_6H_{12}O_6$
    d. $C_{11}H_{22}O_{11}$
    e. $C_{12}H_{24}O_{12}$

46. ¿Cuál de los siguientes valores NO es una concentración?
   a. 23 %
   b. 23 g
   c. 23 molal
   d. 23 M
   e. 23 N

47. ¿Qué volumen se necesita para obtener 410 gramos de hidróxido de sodio a partir de una solución 6.0 M?
   a. 0.17 L
   b. 0.18 L
   c. 1.71 L
   d. 1.84 L
   e. 2.50 L

48. Son cadenas de hidrocarburos conectados solamente por enlaces sencillos:
   a. ácidos grasos insaturados
   b. ácidos grasos saturados
   c. benceno
   d. nucleósidos
   e. nucleótidos

49. La Torre Eiffel mide 984 pies de altura. ¿Cuánto mide en metros?
   a. 100 m
   b. 200 m
   c. 300 m
   d. 400 m
   e. 500 m

50. Aunque es algo muy universal, y nos topamos con ella el todo el mundo de la física, ¿en cuál de los siguientes conceptos está inmerso el valor de 9.81 m/s^2?
   a. aceleración de un objeto en la Luna
   b. masa de un objeto en la Luna
   c. masa de un objeto en la Tierra
   d. peso de un objeto
   e. velocidad de una nave espacial

51. Son unidades de aceleración angular:
   a. km/h
   b. m/s
   c. m/s^2
   d. rad/s
   e. rad/s^2

52. Corpuscularmente, ¿qué son los rayos X?
   a. electrones
   b. fotones
   c. neutrones
   d. partículas elementales
   e. protones

53. Un objeto es lanzado horizontalmente desde un puente situado a 20 m por encima de un río. La velocidad inicial del objeto es de 30 m/s. ¿Cuál es la distancia horizontal desde el puente hasta el punto donde el objeto choca con el agua del río?
   a. 20.5 m
   b. 25.3 m
   c. 30.8 m
   d. 45.9 m
   e. 60.6 m

54. ¿Qué unidad representa C/s?
   a. ampère
   b. candela
   c. farad
   d. ohm
   e. volt

55. ¿Qué es un Torr?
   a. la presión ejercida por una columna de cien centímetros de agua
   b. la presión ejercida por una columna de un centímetro de agua
   c. la presión ejercida por una columna de un centímetro de mercurio
   d. la presión ejercida por una columna de un milímetro de agua
   e. la presión ejercida por una columna de un milímetro de mercurio

56. ¿Qué es un Joule?
    a. 24 calorías
    b. kg • m
    c. kg • m/s^2
    d. N • m
    e. N • m^2/s^2

57. Que a cada fuerza de acción le corresponde una fuerza de reacción opuesta pero similar se le conoce como:
    a. ley de la gravitación universal
    b. ley de Lavoisier
    c. primera ley de Newton
    d. segunda ley de Newton
    e. tercera ley de Newton

58. Exprese 1 280 L en m^3:
    a. 0.128 m^3
    b. 1.28 m^3
    c. 12.8 m^3
    d. 128 m^3
    e. 1 280 m^3

59. ¿Cuál es la velocidad aparente de la luz en un medio que tiene un índice de refracción de 2.3?
    a. 0.7 x 10^8 m/s
    b. 1.3 x 10^8 m/s
    c. 1.5 x 10^8 m/s
    d. 2.3 x 10^8 m/s
    e. 3.1 x 10^8 m/s

60. ¿Cuántos nanómetros hay en un metro?
    a. cien
    b. diez
    c. mil
    d. mil millones
    e. un millón

61. ¿Cuántos cm^3 hay en 875 dm^3?
    a. 8 750 cm^3
    b. 87 500 cm^3
    c. 875 000 cm^3
    d. 8 750 000 cm^3
    e. 87 500 000 cm^3

62. ¿Cuánto es un pascal?
    a. 1 atm
    b. 1 mmHg
    c. din/cm^2
    d. kgf/cm^2
    e. N/m^2

63. ¿Cuántas pulgadas hay en un metro?
    a. 3.937
    b. 7.393
    c. 37.39
    d. 39.37
    e. 73.93

64. ¿Cuál es la velocidad del sonido?
    a. 300 m/s
    b. 3 000 km/s
    c. 200 000 m/s
    d. 300 000 km/s
    e. 300 000 m/s

65. ¿Cuál es la velocidad de la luz?
    a. 670 millones de millas por hora
    b. 760 millones de millas por hora
    c. 3 000 miles de millones de millas por hora
    d. 3 000 millones de kilómetros por segundo
    e. 7 600 millones de millas por hora

66. ¿Cuál es la temperatura corporal en una persona sana expresada en grados Fahrenheit?
    a. 20.5
    b. 37
    c. 66.6
    d. 98.6
    e. 270

67. ¿Cuál es la longitud total de un péndulo simple que tarde 10 segundos en hacer una oscilación completa?
    a. 21.20 m
    b. 22.15 m
    c. 23.10 m
    d. 25.33 m
    e. 28.50 m

68. ¿Cuál de las siguientes opciones NO es un Watt?
    a. J/s
    b. kg·m²/s³
    c. N·m/s
    d. V·A
    e. V/A

69. ¿Qué volumen ocupan 140 g de metano (PM = 16) a una presión de 0.4 atm y 50°C de temperatura?
    a. 310 dm³
    b. 320 dm³
    c. 490 dm³
    d. 610 dm³
    e. 1240 dm³

70. ¿Cómo se llama la línea no rotulada que se encuentra en el mismo plano que el haz incidente y el haz reflejado?

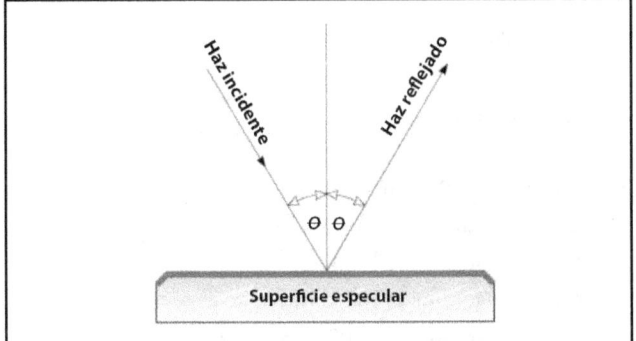

    a. base
    b. bisectriz
    c. normal
    d. rayita
    e. secante

71. ¿Cual es el punto de ebullición del agua a una presión de 760 mmHg?
    a. 272 K
    b. 273 K
    c. 372 K
    d. 373 K
    e. 374 K

72. ¿Cómo se definen las unidades de densidad?
    a. masa/superficie
    b. masa/volumen
    c. peso x distancia
    d. superficie/masa
    e. volumen/masa

73. ¿Cuál de las siguientes magnitudes es siempre escalar?
    a. aceleración
    b. desplazamiento
    c. masa
    d. peso
    e. velocidad

74. ¿Cuál es el ángulo complementario del que aparece en la imagen?

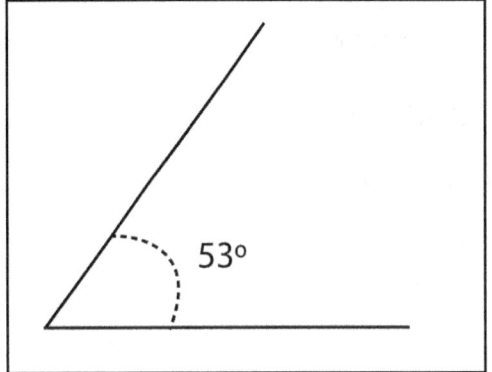

    a. 37°
    b. 53°
    c. 127°
    d. 217°
    e. 307°

75. Señale el conjunto finito:
    a. H = conjunto de todos los seres humanos
    b. L = conjunto de todos los triángulos
    c. N = conjunto de todos los números naturales
    d. P = conjunto de todos los números pares
    e. T = {3, 6, 9, 12, 15...}

76. Sea el Universo U = {1, 2, 3, 4, 5, 6, 7, 8, 9, 10}. Sean H = {1, 2, 3, 4}, J = {3, 4, 5}, K = {7, 8, 9}. ¿Cuánto es H'?
    a. { }
    b. {5, 6, 7...}
    c. {5, 6, 7, 8, 9, 10}
    d. N
    e. U'

77. (Sigue de la anterior) H ∩ J:
    a. ∞
    b. { }
    c. {1, 2, 3, 3, 4, 4, 5}
    d. {3, 4}
    e. {3, 4, 5}

78. (Sigue de la anterior) H' ∩ J':
    a. { }
    b. {1, 2, 3, 4, 5}
    c. {1, 2, 5, 6, 7, 8, 9, 10}
    d. {3, 4}
    e. {6, 7, 8, 9, 10}

79. Resuelva $8 - \sqrt{-49}$
    a. -41
    b. 1
    c. 8 - 7i
    d. 15
    e. i

80. ¿Qué prefijos del sistema métrico decimal representan qué exponentes?
    a. $f = 10^{-12}$; $k = 10^3$; $m = 10^{-3}$; $n = 10^{-9}$
    b. $M = 10^6$; $k = 10^3$; $m = 10^{-3}$; $n = 10^{-9}$
    c. $P = 10^{15}$; $T = 10^{12}$; $G = 10^9$; $f = 10^{15}$
    d. $y = 10^{-24}$; $z = 10^{-21}$; $a = 10^{-18}$; $f = 10^{-12}$
    e. $Y = 10^{24}$; $Z = 10^{21}$; $E = 10^{18}$; $n = 10^9$

81. Exprese 148 onzas fluidas en litros:
    a. 0.05 L
    b. 0.42 L
    c. 0.52 L
    d. 4.2 L
    e. 5.2 L

82. Exprese 100 acres en hectáreas:
    a. 0.4046 há
    b. 4.046 há
    c. 40.46 há
    d. 404.6 há
    e. 4 046 há

83. Equiparar S = {a, b, c, d, e, f} con un subconjunto estándar de N. Hállese n(S).
    a. 0
    b. 6
    c. 7
    d. 8
    e. 9

84. ¿Cuántos miligramos (mg) hay en un gramo?
    a. 100
    b. 1 000
    c. 10 000
    d. 100 000
    e. 1 000 000

85. ¿Cuánto mide una área?
    a. un cuadrado de 1 m por lado
    b. un cuadrado de 10 m por lado
    c. un cuadrado de 100 m por lado
    d. un cuadrado de 1 000 m por lado
    e. un cuadrado de 10 000 m por lado

86. ¿Cuánto es una tonelada métrica?
    a. 1 megagramo
    b. 1 000 metros
    c. 1 000 metros^3
    d. 10 000 litros
    e. 1 000 000 000 metros

87. ¿Cuánto es una pinta de cerveza?
    a. 568 mL
    b. 668 mL
    c. 768 mL
    d. 868 mL
    e. 968 mL

88. ¿Cuánto es una hectárea?
    a. 100 m^2
    b. $1\,000 \text{ m}^2$
    c. $10\,000 \text{ m}^2$
    d. $100\,000 \text{ m}^2$
    e. $1\,000\,000 \text{ m}^2$

89. ¿Cuál es el seno de 0°?
    a. 0
    b. 0.7071
    c. 1
    d. 3.14 rad
    e. 90

90. ¿Cuál es el $\log_4 16\,384$?
    a. 5
    b. 6
    c. 7
    d. 8
    e. 9

91. ¿Cuál es el inverso aditivo de n?
    a. 0
    b. 1
    c. -n
    d. n
    e. n^2

92. ¿Cuál es el grado de la expresión siguiente?
    $$4x^3 - 8x^2yz$$
    a. cuarto
    b. octavo
    c. quinto
    d. segundo
    e. tercero

93. ¿Cuál de los siguientes es el conjunto de los enteros?
    a. { }
    b. {... -3, -2, -1, 0, 1, 2, 3...}
    c. {0, 1, 2, 3, 4...}
    d. {1, 2, 3, 4...}
    e. {2, 3, 5, 7, 11, 13...}

94. ¿Cuál es el conjunto de los números enteros no negativos?
    a. {0}
    b. {0, 1, 2, 3...}
    c. {-1/2, -1/3, -1/4...}
    d. {1, 2, 3...}
    e. {2, 3, 5, 7, 11, 13...}

95. ¿Cómo se le denomina a la tangente del ángulo de inclinación de una recta coordenada?
    a. cuadrante
    b. elipsoide
    c. inclinación
    d. pendiente
    e. tangente

96. ¿A cuánto equivalen 100 yardas?
    a. a 30.00 metros
    b. a 90.00 metros
    c. a 91.44 metros
    d. a 160.9 metros
    e. a 169 metros

97. Resuelva: $0.000\,87 \times 0.000\,000\,000\,14$:
    a. 1.21×10^{-15}
    b. 1.21×10^{-14}
    c. 1.21×10^{-13}
    d. 1.21×10^{-12}
    e. 1.21×10^{-11}

98. ¿Cuál es el volumen de una caja que mide 4.5 pulgadas x 7.5 pulgadas x 9.0 pulgadas?
    a. 53.34 cm^3
    b. 303.75 cm^3
    c. 771.52 cm^3
    d. $1\,959.67 \text{ cm}^3$
    e. $4\,899.18 \text{ cm}^3$

99. Un jarabe se prepara disolviendo 60 g de azúcar en 100 g de agua. ¿Qué proporción de azúcar se encuentra en el jarabe?
    a. 2.6
    b. 6.0
    c. 37.5
    d. 60.0
    e. 96.0

100. Si usted tiene una solución de 100 U/mL de insulina y prepara una solución que contiene 0.1 U/mL, ¿cuál es la dilución final de la preparación?
   a. 1 : 10
   b. 1 : 100
   c. 1 : 1 000
   d. 1 : 10 000
   e. 1 : 100 000

101. The _____ can't change its spots.
   a. architect
   b. Ethiopian
   c. good name
   d. leopard
   e. rose

102. What is to curtail?
   a. added
   b. leave
   c. press
   d. push
   e. shorten

103. What is a loophole?
   a. an ambiguity or omission as in the wording of a law
   b. duty hours during graduate medical education
   c. hours spent moonlighting
   d. the allowable duty hours
   e. the regulations addressing the medical practice

104. What is a hospitalist?
   a. a resident
   b. daily-progress notes for "educational purposes" in a hospital
   c. doctors whose primary professional focus is hospital medicine
   d. the hospital charges
   e. the tasks performed by residents

105. What does "cash-strapped" mean?
   a. a. constriction of money
   b. loop of metal
   c. one skilled in strategy
   d. one who is strange
   e. trick in war

106. What are bedsores?
   a. any of numerous hymenopteran insects
   b. conducted at the bedside of a bedridden patient
   c. the manner that a physician assumes toward patients
   d. ulcerations by prolonged pressure
   e. urination in bed

107. "When you have bedsores all over the place, you can treat them..." The word "them" is an objective pronoun which refers to:
   a. all
   b. bed
   c. bedsores
   d. place
   e. you

108. What is a resident?
   a. a going to be teacher
   b. a medical student
   c. a medical teacher
   d. a specialty trainee physician
   e. a specialty training physician

109. To offset:
   a. achieve
   b. balance
   c. cost
   d. experience
   e. reside

110. The word euthanasia means:
   a. a swear word
   b. chemical process
   c. good death
   d. good end
   e. terminal illness

111. Synonymous with defray:
   a. challenge
   b. deprive
   c. free
   d. pay
   e. spoil

112. Stymie:
   a. a fragrant liquid
   b. an instrument for writing
   c. resembling a style
   d. tending to check bleeding
   e. to present an obstacle

113. Status quo:
   a. an opportunity to improve
   b. being disrupted
   c. graduate medical education
   d. program directors and hospital administrators
   e. the existing state of affairs

114. In the phrase "On personal grounds". The word grounds is a synonym of:
   a. convictions
   b. Earth
   c. grit
   d. land
   e. soil

115. Nimble:
   a. agile
   b. b. annual
   c. c. broad
   d. d. common
   e. e. fail

116. In a hospital, what is a shift?
   a. a broad piece of surgical equipment
   b. a coin representing the hospital
   c. a group who work together in alternation with other groups
   d. an extra pay
   e. the new rules

117. In the phrase "Doctors should help to end his suffering", the word suffering is:
   a. a noun
   b. a pronoun
   c. a verb
   d. an adjective
   e. an adverb

118. Handoff:
   a. between caregivers, some data to support concern
   b. to hand the ball from one player to another
   c. to worry
   d. to suffer
   e. to reduce availability

119. "To tackle an issue" means doctors have to _____ an issue.
   a. avoid
   b. disregard
   c. evade
   d. ignore
   e. resolve

120. "Free will". In this expression:
   a. both are adjectives
   b. both are verbs
   c. free is a noun and will is an adjective
   d. free is an adjective and will is a noun
   e. free is an adverb and will is a verb

Refusing male medics

Women may have religious or cultural reasons for not wanting men to be involved in their health care. Pashtoon Murtaza Kasi and colleagues consider the implications and suggest some ways forward.

Health care is becoming increasingly consumer oriented, as patients become choosier about whom they consult. This can lead to medical students getting less exposure to patients in teaching hospitals. And this problem is even more pronounced for male medical students on rotation in specialties such as obstetrics and gynecology, in which the phenomenon of "male refusal"-patients refusing to be seen by a male healthcare professional-is high.

Woman to woman

If you are an obstetrician or gynecologist at a teaching hospital, you usually tell your patient, "This is a medical student. Do you mind if he asks you some questions and examines you with me." Most patients understand the need, but they might be unwilling to volunteer, particularly in a specialty such as obstetrics and gynecology.

In predominantly Muslim societies, cultural values restrict women from exposing their bodies for examination by male doctors. Many women in Pakistan observe strict "parda," for example, and will not allow any man to examine them or even take a history.

And husbands and male relatives may have considerable influence on the decision making process. Often women are not supposed to leave home, even in emergencies.

This is not just a problem in the East, where sociocultural factors denounce the involvement of male medical students in obstetric and gynecological settings. Preference for a female student over a man in all kinds of interactions with patients was also seen in a study in the United Kingdom. The West faces slightly different problems, but the ethical dilemmas remain the same.

The rights of the student are in conflict with the rights of the patient. "There has been a tendency to assume that students have the right to clinical teaching involving patients and that patients have a moral obligation to participate," said the author of a commentary accompanying the UK study. Refusal in this situation might lead to frustration and unwillingness to specialize in specialties that deal predominantly with women's health.

Another ethical dilemma arises when a student whom a patient has refused in clinic is present in the operating room, without the patient's consent (or blanket consent). Rather, a study by Ubel and colleagues found a "decline in the importance that students place on seeking permission from the patient before conducting a pelvic examination while she is anesthetized." The authors "found that students who had completed an obstetrics/ gynecology clerkship thought that consent was significantly less important than did those students who had not completed a clerkship (P=0.01)." The conflict is not just between the rights of student and patient but also between education and ethics.

Towards a compromise

Some of the reasons for male refusal are fixed, but some can be worked on. The way a medical student presents and introduces himself can affect a woman's decision about whether to involve him in her care. A survey of more than 1 000 patients found the interpersonal skills of the medical student as the most important factor when deciding about medical student participation. Learning the best ways to start interacting with patients and to take consent might help.

Another study, a randomized control trial, investigated obtaining patients' permission for student participation in their health care. The results show that patients prefer someone other than a doctor or medical student to ask whether they mind having a medical student involved in their care. When a doctor or the student himself asks, it puts pressure on the patient to agree. A third party might help avoid embarrassment for patient and medical student.

Targeting patients who are likely to consent might also help, and their characteristics need to be identified. Studies report that older women with children are more likely to consent. Similarly, patients with higher education, higher parity and those who have had more experience with medical students are more likely to consent for medical student participation. Women who had been pregnant before were likely to agree to medical students but there was no difference between the sex of the student.

Male refusal also depends on the consultant. Some consultants will push their patients to let male students participate; others will take it for granted that a patient will refuse being seen by a man. A standard protocol for taking consent, by a nurse, for example, could help reduce the disparity.

A work around would be to limit history taking to clinics and physical examinations to models. But this might not work because clinical skills cannot be learnt on models alone.

Finally, having patients help teach students is an emerging area of interest. Giving them active roles as "patient teachers" is an interesting concept. How would this system work, and would patients be paid for volunteering?

The road ahead

The situation is not all that bad. Most patients are willing to involve medical students in their care provided the comfort of the patient is maintained and their point of view respected.

Understanding the dynamics of consent is of prime importance, especially for teaching hospitals, at which medical students are involved in patient care. And counseling patients as to why students need to see patients has largely been neglected.

We need to explore and evaluate various methods of the process of obtaining consent to identify best practice. A standard method might save patient and male medical student embarrassment and provide both with an environment based on mutual respect and care.

Patients' autonomy must be respected, as must the cultures in which we live. A lack of involvement of men in women's health might, however, lead to fewer men choosing to work in obstetrics and gynecology. Women also present in settings other than obstetrics and gynecology, though. And male refusal might also lead to lack of interest by male doctors in screening normal women and advising about contraception and other matters pertaining to women's health.

Pashtoon Murtaza Kasi, final year medical student,

Rabeea Rehman, final year medical student, Aga Khan University, Karachi, 74800, Pakistan

Ferha Saeed, instructor, Department of Obstetrics and Gynecology, Aga Khan University, Karachi

121. What does the adjective 'blanket' mean in this article's context?
    a. a skillful flattering
    b. complete freedom of action
    c. covering all members of the group
    d. to cover with
    e. to sound loud

122. What did a doctor do during his clerkship?
    a. he became ape
    b. he has become apt
    c. he has buttoned his collar
    d. he has maintained a church
    e. he has ordered hospital records

123. What's the meaning of choosier?
    a. a sharp downward blow
    b. a waxy substance
    c. inclined to be very selective
    d. to change direction
    e. to chew or bite noisily

124. Andrea _____ the floor with a brush.
    a. scored
    b. scotched
    c. scoured
    d. scouted
    e. swabed

125. ¿Quién es el autor de la Divina Comedia?
   a. Dante Alighieri
   b. Erasmo de Róterdam
   c. François Rabelais
   d. Honorato de Balzac
   e. Nicolás Maquiavelo

126. Complete el nombre de la obra de García Márquez: La increíble y triste historia de la _____ _____ y de su abuela desalmada.
   a. bella Remedios
   b. cándida Eréndira
   c. esperada Anunciación
   d. gitana Esmeralda
   e. increíble Angustias

127. ¿De qué novela es personaje El Caballero de los Espejos?
   a. Amadís de Gaula
   b. El Cid
   c. El Quijote
   d. La Divina Comedia
   e. Los Tres Mosqueteros

128. Señale la oración correcta:
   a. Ya hemos llegado todos, con que vamos a empezar la reunión.
   b. Ya hemos llegado todos, con qué vamos a empezar la reunión.
   c. Ya hemos llegado todos, cón que vamos a empezar la reunión.
   d. Ya hemos llegado todos, conque vamos a empezar la reunión.
   e. Ya hemos llegado todos, conqué vamos a empezar la reunión.

129. Señale la forma correcta de escribir la palabra:
   a. ecencia
   b. esencia
   c. esensia
   d. escencia
   e. escensia

130. Quién es la autora de Mal de amores?
   a. Ángeles Mastretta
   b. Isabel Allende
   c. Juana Meléndez
   d. María Luisa Mendoza
   e. Rosario Castellanos

131. ¿Quién es el creador del personaje llamado Dorian Gray?
   a. Eric Malpass
   b. F. Scott Fitzgerald
   c. Oscar Wilde
   d. T. H. Lawrence
   e. William Shakespeare

132. ¿Quién es el autor de La historia de San Michele?
   a. Axel Munthe
   b. Dan Brown
   c. Esme Howard
   d. Paul de Kruiff
   e. Umberto Eco

133. ¿Qué significa "perdulario"?
   a. aquel que no encuentra su camino
   b. descuidado con su persona y bienes
   c. el que vende verduras en una plaza pública
   d. fanfarrón, persona que presume de valiente
   e. temporal, destinado a acabarse

134. ¿Qué significa "inconsútil"?
   a. dúctil
   b. que no está contaminada
   c. que no puede consumarse
   d. sin costuras
   e. sutil

135. ¿Qué significa asertivo?
   a. afirmativo
   b. cortado
   c. hecho
   d. juzgado
   e. participativo

136. ¿Qué es un hiato?
    a. diptongo al que le corresponde una tilde que no se coloca por licencia poética
    b. encuentro de dos vocales que se pronuncian en sílabas distintas
    c. la acentuación de un diptongo
    d. onomásticos o patronímicos de origen catalán terminado en -iu o -ius
    e. un vocablo agudo terminado en au, eu y ou

137. Poetisa potosina, autora, entre otras, de Tratando de encender palabras:
    a. Beatriz Velásquez
    b. Dolores Castro
    c. Elisa Carlos
    d. Isabel Galán
    e. Juana Meléndez

138. Intrincar:
    a. enredar o enmarañar una cosa
    b. imponer tributo
    c. inspirar viva curiosidad una cosa
    d. intención solapada o razón oculta
    e. interiormente, esencialmente

139. "Cuando despertó, el dinosaurio todavía estaba allí."
    a. Augusto Monterroso
    b. Carlos Fuentes
    c. Jorge Luis Borges
    d. Julio Cortázar
    e. Paco Ignacio Taibo II

140. ¿Cuál es el mejor ejemplo de palabras parónimas?
    a. dejar, llevar
    b. ganar, perder
    c. llegar, irse
    d. llorar, reír
    e. queso, beso

141. ¿Cuál es un ejemplo de palabras homófonas?
    a. ácido — álcali
    b. bacilo — vacilo
    c. blanco — negro
    d. dulce — amargo
    e. puntual — preciso

142. ¿Cuál es la oración correcta?
    a. Este es el por que de su decisión.
    b. Este es el por qué de su decisión.
    c. Este es el porque de su decisión.
    d. Este es el pórque de su decisión.
    e. Este es el porqué de su decisión.

143. ¿Cuál es la forma correcta de la primera persona del singular en presente de indicativo del verbo forzar?
    a. forso
    b. forzo
    c. fuerce
    d. fuerso
    e. fuerzo

144. ¿Cuál es la forma correcta de escribirlo?
    a. jesuita
    b. jésuita
    c. jesúita
    d. jesuíta
    e. jesuitá

145. ¿Cuál era el verdadero nombre de Mark Twain?
    a. Edward Henry
    b. Francis Galton
    c. Gilbert Thompson
    d. Henry Faulds
    e. Samuel Clemens

146. Conjugue correctamente el verbo diferenciar:
    a. yo diferencio, tú diferencias, él diferencia
    b. yo diferencío, tú diferencías, él diferencía
    c. yo diferensio, tú diferensías, él diferensía
    d. yo diferiencio, tú diferiencias, él diferiencia
    e. yo diferiencío, tú diferiencías, él diferiencía

147. Cercano, semejante a, que confina o linda con una cosa:
    a. raulí
    b. ravenés
    c. rayano
    d. rayente
    e. ráyido

148. Autora de Balún-Canán, Oficio de tinieblas, El eterno femenino?
   a. Ángeles Mastretta
   b. Elena Poniatowska
   c. Gabriela Mistral
   d. Isabel Allende
   e. Rosario Castellanos

149. ¿A qué tiempo del modo subjuntivo corresponde el término "ellos hubiesen habido"?
   a. antecopretérito
   b. antefuturo
   c. antepospretérito
   d. antepresente
   e. antepretérito

150. ¿Qué significa «crematístico»?
   a. es una palabra que lleva diéresis
   b. incinerar un cadáver
   c. que deriva de la grasa de la leche
   d. relacionado con el dinero
   e. tiene que ver con el azar

151. ¿Quién nació en Villahermosa, Tabasco; murió en Brindisi, Italia; fue becado por la fundación Guggenheimm; usó el simbolismo, el escepticismo, las ideas herméticas y la inversión de la lógica?
   a. Carlos Pellicer
   b. Homero Aridjis
   c. Jaime Sabines
   d. José Carlos Becerra
   e. Octavio Paz

152. El pospretérito del verbo haber conjugado en la segunda persona del singular es:
   a. habías
   b. habrás
   c. habrías
   d. hubiste
   e. hubistes

153. ¿Qué clase de error ocurre en la locución siguiente: Tengo ganas de ir al cine, mas pero sin embargo no tengo dinero para comprar el boleto.
   a. elipsis
   b. hipérbaton
   c. metáfora
   d. pleonasmo
   e. silepsis

154. En la teoría de la comunicación, ¿a qué se le llama código?
   a. a lo que se comunica
   b. a quien recibe el mensaje
   c. al lenguaje que se utiliza
   d. al medio por el cual viaja el mensaje
   e. es todo aquello que dificulta la recepción del mensaje

155. ¿Cuál es la menos mala de las siguientes expresiones:
   a. Ahora que, has investigado, redacta una carta
   b. El hombre, se murió, enfermo
   c. Son novelas, es una trilogía es un libro bonito
   d. Una vez, que murió el rico hacendado, fue enterrado
   e. Utiliza láminas, carteles, cuadros y diapositivas para la exposición

156. ¿Quién es el autor de "The Da Vinci Code"?
   a. Dan Brown
   b. James Clavell
   c. Morris West
   d. Taylor Caldwell
   e. Tracy Chevalier

157. ¿Quién es el autor de unas importantes coplas a la muerte de su padre?
   a. Francisco de Quevedo
   b. Jorge Manrique
   c. León Felipe
   d. Lope de Vega
   e. Luis de Góngora

158. «Amo el canto del zenzontle,
pájaro de las cuatrocientas voces.
Amo el color del jade,
y el enervante perfume de las flores,
pero lo que más amo es a mi hermano,
el hombre.» Es un poema de Nezahualcóyotl que aparece en los billetes de:
   a. 20 pesos
   b. 50 pesos
   c. 100 pesos
   d. 200 pesos
   e. 500 pesos

159. Encuentre la opción con una falta de ortografía:
   a. El coche que se han comprado es de segunda mano.
   b. No sé que estarán haciendo ahora.
   c. No te levantes, que yo abro la puerta.
   d. ¿Qué hora es?
   e. Ven que te lave las manos.

160. ¿Cuánta medicina debo tomar?
   a. análisis
   b. analogía
   c. contabilidad
   d. peso
   e. posología

161. Sin par:
   a. acidilo
   b. aciesis
   c. ácigos
   d. acinesia
   e. acino

162. Semio:
   a. dos
   b. mano
   c. pie
   d. primate
   e. signo

163. Se tendió boca abajo:
   a. dorsal
   b. pleural
   c. prono
   d. supino
   e. ventral

164. ¿Qué significa prosopagnosia?
   a. caer la cara hacia adelante
   b. dudar de dar un paso hacia adelante
   c. emitir ruidos semejantes a animales
   d. no reconocer las caras
   e. protruir la mandíbula hacia adelante

165. Paleo:
   a. antiguo
   b. arrastrarse
   c. ausencia
   d. blanco
   e. blando

166. Onico:
   a. hongo
   b. montaña
   c. tumor
   d. único
   e. uña

167. Oma:
   a. tumor
   b. unir
   c. uña
   d. útero
   e. verdadero

168. Nema:
   a. enfermedad
   b. hilo
   c. noche
   d. soplo
   e. unidad

169. Herper:
    a. feo
    b. fuerte
    c. más
    d. uña
    e. víbora

170. Gerón:
    a. información
    b. letra
    c. origen
    d. significado
    e. viejo

171. Foro:
    a. brillar
    b. común
    c. que lleva
    d. remolino
    e. vuelta

172. Feo:
    a. cueva
    b. de
    c. descolorido
    d. duende
    e. oscuro

173. Ethos:
    a. costumbre
    b. origen
    c. raza
    d. sociedad
    e. verdadero

174. Cortar:
    a. ana
    b. foné
    c. inmuno
    d. morfé
    e. tomé

175. Blanco:
    a. Albus
    b. Minerva
    c. Rubeus
    d. Severus
    e. Sirius

176. Acanto:
    a. enigma
    b. espina
    c. melodía
    d. negro
    e. polilla

177. Ab:
    a. a través
    b. acercar
    c. acero
    d. alejar
    e. frente

178. Terato (τερασ):
    a. cuatro
    b. feo
    c. lagarto
    d. monstruo
    e. mucho

179. Se trata de un conocimiento amplio e integral:
    a. ecléctico
    b. ecológico
    c. epistemológico
    d. holístico
    e. teleológico

180. Selecciones la opción que contenga el nombre de tres empresas de telecomunicaciones:
    a. Cisco Systems, Télmex, Nokia Siemens Network
    b. Femsa, Petrobras, Megacable
    c. ICA, GEA, Camino Real
    d. Motorola, Tamsa y Ecotel
    e. Sky, Pepsico, AT & T

181. ¿Quién es el actual Primer Ministro del Reino Unido?
   a. David Cameron
   b. Gordon Brown
   c. John Major
   d. Margaret Thatcher
   e. Tony Blair

182. ¿Cuál es el único libro en latín que ha aparecido en la lista de Bestsellers del New York Times?
   a. *De Optimo Genere Oratorum* (El mejor orador)
   b. *Hippocratic Corpus* (Medicina de Hipócrates)
   c. *Nicomachean Ta Ethika* (Ética para Nicómaco)
   d. *Odes* (Odas)
   e. *Winnie ille Pu* (Winnie-the-Pooh)

183. ¿Quién descubrió los virus?
   a. Antonie van Leeuwenhoek
   b. Dmitri Ivanovsky
   c. Edward Jenner
   d. James Watson
   e. Louis Pasteur

184. ¿Quién es el autor de *De Humani Corporis Fabrica*?
   a. Andreas Vesalius
   b. Claudio Galeno
   c. Hipócrates
   d. Michael Servetus
   e. William Hervey

185. ¿Dónde nació Marie Curie?
   a. Bélgica
   b. Francia
   c. Polonia
   d. Rusia
   e. Suiza

186. ¿Dónde funcionó el primer banco de sangre del mundo?
   a. Cook County Hospital (Chicago)
   b. Hospital Central Dr. Ignacio Morones Prieto (SLP)
   c. Hospital Infantil de México
   d. Massachusetts General Hospital (Boston)
   e. Saint Lukes Hospital (Houston)

187. ¿Cuándo se descubrieron los rayos X?
   a. el 5 de enero de 1896
   b. el 6 de febrero de 1987
   c. el 10 de diciembre de 1901
   d. el 28 de diciembre de 1895
   e. el 30 de junio de 1905

188. ¿Quién recibió dos premios Nóbel en Química?
   a. Albert Einstein
   b. Frederick Sanger
   c. John Bardeen
   d. Linus Pauling
   e. Marie Curie

189. ¿Quién inventó el microscopio?
   a. Antonie van Leeuwenhoek
   b. Galileo Galilei
   c. Hans y Zacharias Jansen, y Hans Lippershey
   d. Louis Pasteur
   e. Sigmund Freud

190. ¿Qué significa El Tajín, en Veracruz?
   a. cielo
   b. furias
   c. precipicio
   d. relámpago
   e. río

191. ¿En qué estado de la república mexicana se encuentra Chichén Itzá?
   a. Campeche
   b. Oaxaca
   c. Quintana Roo
   d. Tabasco
   e. Yucatán

192. ¿Cuáles son los dos países más grandes del mundo?
   a. Canadá y China
   b. China y Australia
   c. China y Rusia
   d. Rusia y Canadá
   e. Rusia y Estados Unidos

193. ¿En qué municipio se ubica la ciudad de Cancún?
   a. Andrés Quintana
   b. Benito Juárez
   c. Cancún
   d. Luis Echeverría
   e. Solidaridad

194. ¿En qué estado de la República Mexicana queda San Luis Río Colorado?
   a. Baja California
   b. Baja California Sur
   c. Chihuahua
   d. Sinaloa
   e. Sonora

195. ¿Quién es el autor de Pacem in Terris (Paz en la Tierra), primera encíclica dirigida a «todos los hombres de buena voluntad»?
   a. Benedicto XVI
   b. Francisco
   c. Juan Pablo I
   d. Juan Pablo II
   e. Juan XXIII

196. ¿Qué presidente mexicano convocó al concurso para elegir el Himno Nacional?
   a. Antonio López
   b. Benito Juárez
   c. Francisco Madero
   d. Guadalupe Victoria
   e. Lázaro Cárdenas

197. ¿Cuál es el número que falta en esta secuencia?
   77, 49, 36, ___, 8
   a. 18
   b. 24
   c. 28
   d. 38
   e. 49

198. Ordene la siguiente frase:
   - 1. aparato
   - 2. el
   - 3. El
   - 4. es
   - 5. mide
   - 6. pH.
   - 7. potenciómetro
   - 8. que
   - 9. un

   a. 1 5 3 4 8 9 2 6 7
   b. 2 7 4 9 1 8 5 3 6
   c. 3 1 7 4 9 8 5 2 6
   d. 3 7 4 9 1 8 5 2 6
   e. 7 4 9 1 8 5 2 6 3

199. Seleccione la opción que NO contenga el nombre de un navegador para Internet:
   a. Google Chrome
   b. Mozilla Firefox
   c. Internet Explorer
   d. Opera
   e. Windows 8

200. ¿Cuál es el nombre de un conjunto de equipos de cómputo por medio de cables, señales, ondas o cualquier otro método de transporte de datos que comparten información, recursos y servicios?
   a. Internet
   b. intranet
   c. protocolo
   d. red informática
   e. Wi-Fi

Examen Final de Entrenamiento para el Examen de Admisión del 2014

Respuestas

1. ¿En qué se utiliza la epinefrina?
    a. aumenta el flujo de sangre al sistema digestivo
    b. como crema para mejorar la textura de la piel
    c. estímulo para el crecimiento del cabello
    d. mejora las funciones sexuales
    e. para revertir un paro cardiaco*

La epinefrina (también llamada adrenalina) es la hormona del stress, de la angustia, de la huida, del ataque. Es la hormona neurotransmisor característico del sistema nervioso simpático.

2. Todas las formas de vida que hoy existen han resultado de procesos graduales de modificación de formas ancestrales:
    a. biología
    b. creacionismo
    c. evolución*
    d. genética
    e. ontogenia

3. ¿Cuándo sucedió la divergencia entre humanos y chimpancés?
    a. hace 6 millones de años*
    b. hace 35 millones de años
    c. hace 65 millones de años
    d. hace 10 000 años
    e. hace dos mil años

4. ¿Cuál es el subreino de las esponjas?
    a. Amebozoa
    b. Cnidarias
    c. Parazoa*
    d. Perisodáctilos
    e. WC

5. ¿Dónde, invariablemente, ocurre intercambio de material genético?
    a. conjugación
    b. en cualquier ferretería
    c. meiosis*
    d. mitosis
    e. mutación

6. En la cadena alimenticia ¿cómo se clasifica a las plantas verdes?
    a. autótrofas
    b. cianóticas
    c. consumidores
    d. productores*
    e. tanatofagos

La cadena alimenticia tiene tres niveles:

- productores

- consumidores

- tanatofagos (llamados también descomponedores)

Todos los productores son autótrofos, sin embargo, autótrofos es una descripción botánica, termodinámica y bioquímica, pero no ecológica. La cadena alimenticia es un concepto de ecología. Ahí las autótrofas deben denominarse productoras.

7. ¿Cuál es el constituyente esencial de la membrana celular, y en general de todas las membranas biológicas?
    a. agua
    b. bicapa lipídica*
    c. colesterol
    d. glucocálix
    e. proteínas

La bicapa lipídica con su anfipatía: hidrófoba e hidrófila, permite definir compartimentos biológicos. Como la compartamentalización es la principal función membranal se considera que la esencia funcional y morfológica de la membrana es la bicapa.

8. ¿Cuál es el componente principal de la pared celular?
    a. celulosa*
    b. colesterol
    c. fosfolípidos
    d. glucocálix
    e. pectina

Ojo: pared celular es la pared de las plantas. NO es lo mismo que membrana celular. La pared celular es externa a la membrana.

9. ¿Cuál es la principal causa de muerte en el mundo?
    a. accidentes automovilísticos
    b. cáncer de mama
    c. cáncer de próstata
    d. diabetes
    e. enfermedad cardiovascular*

10. ¿Cuál es el país con mayor índice de tabaquismo de acuerdo a la ONU?
    a. China
    b. Estados Unidos
    c. Japón
    d. Mongolia
    e. Rusia*

11. ¿Cuál de los siguientes compuestos es una amenaza a la capa de ozono?
    a. bióxido de carbono
    b. clorofluorocarbonos*
    c. metano
    d. monóxido de carbono
    e. monóxido de hidrógeno

12. ¿Cuál es la molécula de entrada al ciclo de Krebs?
    a. acetil CoA*
    b. citrato
    c. malato
    d. oxalacetato
    e. succinil CoA

13. ¿Qué phila constituyen los deuterostomos?
    a. artrópodos, onicoforas y tardígrados
    b. cetognata, cicliofora y mesozoa
    c. cordados, hemicordados y equinodermos*
    d. ecdysozoa, lofotrocozoa y platyzoa
    e. kinorrincha, priapúlida y lorícifera

Los xenoturbélidos también se clasifican como deuterostomos.

14. ¿Qué clase de protozoario es la *Entamoeba histolítica*?
    a. archamoebae*
    b. ciliado
    c. esporozoario
    d. mastigóforo
    e. rodofita

Archamoebe es el infrafílum donde se clasifican las amibas.

15. ¿Cuáles son las subclases de la clase de los mamíferos?
    a. afrosoricidios, macroscélidos y tubulidentados
    b. cingulares, escandentados y pilosos
    c. hiracoideos, probóscidos y sirenos
    d. marsupiales, monotremas y placentarios*
    e. quirópteros, roedores y soricomorfos

Los placentarios también se pueden llamar euterios. Los monotremas también son proterios.

16. ¿Cuál es la organela más importante de los procariotes?
    a. lisosoma
    b. membrana celular*
    c. mitocondria
    d. núcleo
    e. ribosoma

Los procariotes están limitados por un plasmalema. Su DNA forma un cromosoma que se halla soluble en el citoplasma. La única organela que puede encontrarse en su citoplasma es el ribosoma.

17. Es seguro que el cáncer:
    a. casi siempre se produce por un fenómeno de mutación
    b. es secundario a alteraciones en la síntesis y estructura del DNA*
    c. es secundario a una alteración cromosómica
    d. es una enfermedad hereditaria
    e. se debe exclusivamente a la influencia del medio ambiente

El cáncer siempre es una alteración genética que produce una clona de células idénticas con alta capacidad reproductiva. No se produce a raíz de una alteración cromosómica, sino que la alteración en el DNA puede producir una alteración cromosómica secundaria.

18. ¿Qué es el ciclo de Calvin-Benson?
    a. aparición periódica de manchas en la corona del Sol
    b. cambios periódicos que ocurren en el endometrio y en el ovario
    c. la vía aerobia de la glucólisis
    d. las llamadas reacciones oscuras de la fotosíntesis*
    e. modelo que predice el funcionamiento de una máquina de vapor

La vía aerobia de la glucólisis es el ciclo de Krebs. Los cambios periódicos que afectan el ovario y el endometrio de la mujer es el ciclo menstrual. El modelo que predice el funcionamiento de una máquina de vapor el ciclo de Rankine. La aparición y desaparición periódica de las manchas solares en un ciclo que dura 11 años se llama ciclo solar.

19. ¿Quién fue el primero en reconocer que las poblaciones pueden crecer de la manera representada en la gráfica?

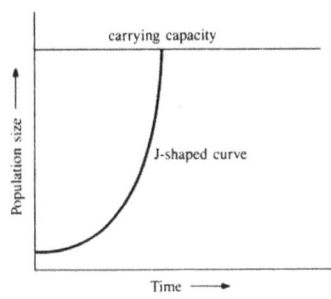

    a. Darwin
    b. Galton
    c. Goethe
    d. Malthus*
    e. Marx

Darwin era de las mismas ideas respecto al crecimiento geométrico de las poblaciones, pero fue posterior a Robert Malthus.

20. ¿Cuál de las siguientes opciones describe MEJOR lo que es un zwitterion?
    a. molécula neutra pero que posee cargas formales positivas y negativas en diferentes átomos*
    b. molécula polar de alta solubilidad en el agua
    c. molécula polar de baja solubilidad en la mayoría de los compuestos orgánicos
    d. molécula que posee un enlace covalente coordinado
    e. una forma de enlace covalente dativo

Zwitterion y dipolo eléctrico es la misma cosa. Son zwitteriones el agua, los aminoácidos, y las demás moléculas que hacen funciones de buffers o amortiguadores.

21. ¿Cuál de las siguientes moléculas contiene hierro en su principal sitio activo?
    a. hemoglobina*
    b. heparina
    c. lipoproteínas
    d. melanina
    e. neurofilamentos

Una molécula de hemoglobina tiene cuatro subunidades con un grupo hemo cada una de ellas. Liga en total cuatro moléculas de O_2. O sea ocho átomos de oxígeno.

22. ¿Cuál es la esencia de la diferencia entre la organela y la inclusión?
    a. la organela es secretada, la inclusión excretada
    b. la organela está presente en todas las células, la inclusión falta en algunas
    c. la organela está viva y la inclusión está muerta*
    d. la organela hace funciones específicas, la inclusión no
    e. la organela tiene DNA, la inclusión no

23. ¿Qué función biológica y qué proceso químico desarrollan los autótrofos?
    a. fijan el carbono*
    b. hinchan los tubérculos de ciertas raíces
    c. nutren a las plantas heterótrofas
    d. producen CO_2
    e. reciclan el hierro y el azufre

Los autótrofos, o proveedores primarios, son capaces de fijar carbono tomándolo del CO_2 de la atmósfera. El CO_2 de la atmósfera es inorgánico. Cuando la planta lo fija lo transforma en celulosa. La celulosa es orgánica, pasa así de carbono inorgánico a carbono orgánico.

24. Ordene de más comprehensivo a menos:
    a. clase, familia, orden
    b. clase, orden, familia*
    c. familia, orden, clase
    d. orden, clase, familia
    e. orden, familia, clase

Dominio > reino > fílum > clase > orden > familia > género > especie.

25. Es la organela más importante de la célula porque representa el archivo genético, no sólo de la célula en cuestión, sino de todo el ser del que esa célula forma parte.
    a. Golgi
    b. mitocondria
    c. núcleo*
    d. retículo endoplasmático rugoso
    e. ribosoma

Aunque la mitocondria y los cloroplastos también tienen DNA, sólo el núcleo es considerado el archivo génico de la célula. El núcleo tiene 23 000 genes. La mitocondria 37. El cloroplasto tiene 100.

26. ¿En el momento actual cuál es el principal mecanismo de transmisión del VIH?
    a. agujas contaminadas
    b. contacto sexual*
    c. el beso profundo o "francés"
    d. transmisión por vectores (mosquitos)
    e. transfusión de sangre contaminada

Hoy en día todas las agujas utilizadas por los hospitales deben ser desechadas. El sida no se transmite ni por la saliva ni por vía digestiva. El inóculo que de sangre puedan hacer los mosquitos es tan pequeño que no alcanza a transmitir la enfermedad. La sangre, antes de utilizarse, es probada para asegurarse que no tiene presencia del HIV. Esta última es una de las reglas que con mayor cuidado se sigue en todos los hospitales del mundo, incluyendo los mexicanos.

27. ¿Cuál célula se distingue especialmente por sus funciones de fagocitosis?
    a. basófilo
    b. eritrocito
    c. linfocito
    d. macrófago*
    e. neutrófilo

La función principal del macrófago es la presentación de antígenos al linfocito. Esto lo realiza después de fagocitar parte de las bacterias agresoras que se encuentran en nuestro cuerpo. ¡Atención! Aunque el neutrófilo fagocita no se le considera un fagocito porque lo que fagocita son sólo pequeñas partículas, bacterias o virus. El tamaño pequeño de lo que ingiere lo descarta como fagocito. Recuerde que los macrófagos derivan de los monocitos. El monocito es un leucocito de la sangre. Los otros cuatro leucocitos son el neutrófilo, el eosinófilo, el basófilo y el linfocito.

28. ¿Cómo se llaman las proteínas básicas asociadas al DNA?
    a. histonas*
    b. no histonas
    c. cromosoma
    d. cromatina
    e. núcleo

Una proteína básica es una proteína alcalina, de pH alto. Con mucha naturalidad, lo básico de las histonas (sobre todo por una gran riqueza del aminoácido lisina) facilita su unión al ácido desoxirribonucleico. Ahí, el DNA se enrollará en torno a un octámero de histonas llamado nucleosoma y, de esta forma, se facilitará su compactación para poder caber en un volumen tan reducido como es el del núcleo celular.

29. ¿Qué molécula resulta de la transcripción?
    a. DNA
    b. glucocálix
    c. priones
    d. proteínas
    e. RNA*

Las proteínas son el resultado de la traducción.

30. ¿Cómo se llaman los componentes biológicos de un ecosistema?
    a. abiota
    b. biota*
    c. ecosistema
    d. nicho
    e. pirámide

31. Califique usted al HI (ácido yodhídrico):
    a. ácido débil
    b. ácido fuerte*
    c. ácido intermedio
    d. ácido orgánico
    e. oxiácido

El HI es definitivamente un ácido fuerte, y no es ni un ácido que contenga oxígeno (oxiácido) ni se produzca en el metabolismo (ácido orgánico).

32. Es el radical bicarbonato ionizado:
    a. CO_3^{2-}
    b. HCO_3^{-}*
    c. ClO_2^{-}
    d. ClO_3^{-}
    e. ClO_4^{-}

33. ¿Qué es un quelante?
    a. es la principal proteína del caparazón de las tortugas
    b. es una molécula que liga (atrapa) metales*
    c. un filamento intermedio en forma de flecha
    d. una molécula con funciones de buffer
    e. una molécula que invariablemente se liga a la albúmina

34. ¿Qué cantidad de oxígeno se produce al descomponer 80 g de agua?
    a. 26.66 g
    b. 53.33 g
    c. 71.11 g*
    d. 77.09 g
    e. 80.00 g

Un mol de agua pesa 18 g. De estos, 16 g son oxígeno. Es decir, que el 16/18 = 8/9 = 0.88, un 88% es oxígeno. Entonces el 88% de 80 g es igual a 80 g x 0.88 = 70.4 gramos.

35. El 17 de octubre del 2006, en la zona urbana de San Luis Potosí se derramaron 13 000 L de una solución oleosa de H_2SO_4. ¿Por qué la reacción química de la hidratación súbita del ácido sulfúrico (H_2SO_4) es peligrosa?
    a. porque horada el asfalto
    b. porque mancha la ropa
    c. porque produce mucho calor*
    d. porque produce vapores irritantes
    e. porque tiñe el cielo

36. ¿Cuántos miligramos de iones sodio hay en una muestra de 1.5 L de agua que tiene 285 ppm del ion?
    a. 100
    b. 125
    c. 214
    d. 428*
    e. 856

ppm significa partes por millón. En un millón de gramos de agua hay 285 g de sodio.
Si en 1 000 000 g de solución.....................hay 285 g de Na
En 1 500 g de solución................................¿? g de Na habrá
¿? = 1 500 g x 285 g / 1 000 000 g
¿? = 15 x 285 g / 10 000
¿? = 4275 g / 10 000
¿? = 0.4275 g
¿? = 427.5 mg

37. ¿Cuántos gramos pesan 1.8385 moles de sulfato de calcio?
    a. 11 g
    b. 161 g
    c. 191 g
    d. 250 g*
    e. 819 g

1 mol de $CaSO_4$ pesa 40 + 32 + 64 = 136 g
Si en 136 g hay.. 1 mol
¿?... 1.8385 moles
¿? = 1.8385 x 136 g
¿? = 250 g

38. ¿Cuántos gramos de azúcar ($C_{12}H_{22}O_{11}$) se tienen que disolver en 825 gramos de agua para preparar una solución al 20 por ciento?
    a. 62 g
    b. 103 g
    c. 166 g*
    d. 300 g
    e. 412 g

El total de la mezcla pesa 825 g. El 20 por ciento de ella se obtiene multiplicando 825 g x 0.2 = 165 g.

39. ¿Cuántas moléculas hay en un litro de agua pura?
    a. 1.08×10^{25}
    b. 3.34×10^{25}*
    c. 5.55×10^{23}
    d. 6.023×10^{23}
    e. 18×10^{23}

Un litro de agua pura pesa 1000 g. Un mol de agua pesa 18 g (2 g de los H y 16 g del O). Un mol de agua tiene 6.023×10^{23} moléculas.
Si en 18 g de agua hay......................6.023×10^{23} moléculas
En 1000 g de agua.....................................¿? moléculas habrá
¿? = 10^3 g x 6.023 moléculas x 10^{23} / 18 g
¿? = 6×10^{26} / 18 moléculas
¿? = 1×10^{26} / 3 moléculas
¿? = 0.33×10^{26} moléculas
¿? = 3.3×10^{25} moléculas

40. ¿Cuántas moléculas hay en 200 gramos de CO_2?
    a. 0.455×10^1
    b. 2×10^2
    c. 2.74×10^{24}*
    d. 8.8×10^3
    e. 9.11×10^2

Un mol de CO_2 pesa $12 + (16 \times 2) = 12 + 32 = 44$ gramos. Un mol tiene 6.023×10^{23} moléculas.
Si en 44 g de CO_2 .... hay 6.023×10^{23} moléculas
En 200 g de CO_2 .... ¿? moléculas habrá
¿? = 200 g $\times$ 6.023×10^{23} moléculas / 44 g
¿? = $100 \times 6.023 \times 10^{23}$ / 22
¿? = $50 \times 6.023 \times 10^{23}$ / 11
¿? = 300×10^{23} /11
¿? = 28×10^{23}
¿? = 2.8×10^{24}

41. ¿Cuál es la valencia del cloro, su número atómico y su peso molecular?
    a. -3, 15 y 31 uma
    b. -2, 8 y 16 uma
    c. -2, 16 y 32 uma
    d. -1, 17 y 35.5 uma*
    e. ±4, 6 y 12 uma

Es muy sabido que la masa atómica del cloro es 35.5 umas. Es de los poquísimos elementos en los que se les acepta una uma redondeada a 0.5 unidades.

42. ¿Cual es la valencia, peso y número atómico del calcio?
    a. +1, 1 uma y 1
    b. +1, 23 uma y 11
    c. +1, 39 uma y 19
    d. +2, 4 uma y 2
    e. +2, 40 uma y 20*

El elemento número 1 es el hidrógeno; el número 11 es el sodio; el número 19 es el potasio; el número 2 es el helio.

43. ¿Cuál es la fórmula del tiocianuro cobaltoso?
    a. $Co(SCN)_2$*
    b. $Co(SCN)_3$
    c. $Co(SCN)_4$
    d. $Co(SCN)_6$
    e. CoSCN

$Co(SCN)_3$ es el tiocianuro cobáltico. Los demás no existen.

44. ¿Cuál es la fórmula del ácido acético glacial?
    a. C_2H_2
    b. CH_2OH
    c. CH_3CO
    d. CH_3COOH*
    e. CH_8H_9NO

El ácido acético es lo mismo que el ácido acético glacial. Se llama así porque las botellas del ácido parecen generar espinas alrededor del tapón de la botella.

45. ¿Cuál es la fórmula de la glucosa?
    a. $C_5H_{10}O_5$
    b. $C_6H_{12}O_5$
    c. $C_6H_{12}O_6$*
    d. $C_{11}H_{22}O_{11}$
    e. $C_{12}H_{24}O_{12}$

46. ¿Cuál de los siguientes valores NO es una concentración?
    a. 23 %
    b. 23 g*
    c. 23 molal
    d. 23 M
    e. 23 N

47. ¿Qué volumen se necesita para obtener 410 gramos de hidróxido de sodio a partir de una solución 6.0 M?
    a. 0.17 L
    b. 0.18 L
    c. 1.71 L*
    d. 1.84 L
    e. 2.50 L

Una solución 6 M de NaOH contiene 6 moles de NaOH en un litro de solución. ¿Cuántos moles son 410 gramos? Un mol de NaOH pesa $23 + 16 + 1 = 40$ g. En 410 gramos tenemos $410/40 = 41/4 = 10.25$ moles.
Si en 1 L tenemos .... 6 moles
¿En cuántos L tendremos................................. 10.25 moles
X = (10.25 moles x 1 L) / 6 moles
X = 10.25 / 6 L
X = 1.70 L

48. Son cadenas de hidrocarburos conectados solamente por enlaces sencillos:
    a. ácidos grasos insaturados
    b. ácidos grasos saturados*
    c. benceno
    d. nucleósidos
    e. nucleótidos

49. La Torre Eiffel mide 984 pies de altura. ¿Cuánto mide en metros?
    a. 100 m
    b. 200 m
    c. 300 m*
    d. 400 m
    e. 500 m

Un pie es 30.5 cm. Es decir 0.305 m:

$$984 \text{ pies} \cdot \frac{0.305 \text{ m}}{1 \text{ pie}}$$
= 984 x 0.305 m
= 300 m

50. Aunque es algo muy universal, y nos topamos con ella el todo el mundo de la física, ¿en cuál de los siguientes conceptos está inmerso el valor de 9.81 m/s²?
    a. aceleración de un objeto en la Luna
    b. masa de un objeto en la Luna
    c. masa de un objeto en la Tierra
    d. peso de un objeto*
    e. velocidad de una nave espacial

El peso de un objeto siempre será una fuerza que resulte de aplicar la Segunda Ley de Newton F = ma. En la Tierra esa aceleración es de 9.81 m/s².

51. Son unidades de aceleración angular:
    a. km/h
    b. m/s
    c. m/s²
    d. rad/s
    e. rad/s²*

52. Corpuscularmente, ¿qué son los rayos X?
    a. electrones
    b. fotones*
    c. neutrones
    d. partículas elementales
    e. protones

53. Un objeto es lanzado horizontalmente desde un puente situado a 20 m por encima de un río. La velocidad inicial del objeto es de 30 m/s. ¿Cuál es la distancia horizontal desde el puente hasta el punto donde el objeto choca con el agua del río?
    a. 20.5 m
    b. 25.3 m
    c. 30.8 m
    d. 45.9 m
    e. 60.6 m*

Son dos problemas. Primero determinar el tiempo que el objeto estuvo en el aire. Segundo calcular la distancia que recorre en ese tiempo. En vertical es caída libre. ¿Cuánto toma un objeto en caer 20 m? $S = V_0 t + at^2/2$. Como es caída libre $S = 0 + at^2/2$.

$S = at^2/2$
$2S = at^2$
$t^2 = 2S/a$
$t^2 = 2(20 \text{ m})/(9.8 \text{ m/s}^2)$
$t^2 = 40/9.8 \text{ s}^2$
$t^2 = 4.2 \text{ s}^2$
$t = 2.1 \text{ s}$

Ahora calculemos la distancia horizontal: V = d/t
d = Vt
d = (30 m/s)(2.1 s)
d = 63 m

54. ¿Qué unidad representa C/s?
    a. ampère*
    b. candela
    c. farad
    d. ohm
    e. volt

55. ¿Qué es un Torr?
    a. la presión ejercida por una columna de cien centímetros de agua
    b. la presión ejercida por una columna de un centímetro de agua
    c. la presión ejercida por una columna de un centímetro de mercurio
    d. la presión ejercida por una columna de un milímetro de agua
    e. la presión ejercida por una columna de un milímetro de mercurio*

56. ¿Qué es un Joule?
    a. 24 calorías
    b. kg • m
    c. kg • m/s^2
    d. N • m*
    e. N • m^2/s^2

57. Que a cada fuerza de acción le corresponde una fuerza de reacción opuesta pero similar se le conoce como:
    a. ley de la gravitación universal
    b. ley de Lavoisier
    c. primera ley de Newton
    d. segunda ley de Newton
    e. tercera ley de Newton*

58. Exprese 1 280 L en m^3:
    a. 0.128 m^3
    b. 1.28 m^3*
    c. 12.8 m^3
    d. 128 m^3
    e. 1 280 m^3

Un metro cúbico tiene 1000 L.

59. ¿Cuál es la velocidad aparente de la luz en un medio que tiene un índice de refracción de 2.3?
    a. 0.7 x 10^8 m/s
    b. 1.3 x 10^8 m/s*
    c. 1.5 x 10^8 m/s
    d. 2.3 x 10^8 m/s
    e. 3.1 x 10^8 m/s

n = c/v
v = c/n
v = 3 x 10^8 m/s / 2.3
v = 3/2.3 x 10^8 m/s
v = 1.3 x 10^8 m/s

60. ¿Cuántos nanómetros hay en un metro?
    a. cien
    b. diez
    c. mil
    d. mil millones*
    e. un millón

Si un nanómetro = 10^9 m significa que en un metro hay 1,000,000,000 de nanómetros.

61. ¿Cuántos cm^3 hay en 875 dm^3?
    a. 8 750 cm^3
    b. 87 500 cm^3
    c. 875 000 cm^3*
    d. 8 750 000 cm^3
    e. 87 500 000 cm^3

Un cm^3 es lo mismo que un mL. Un dm^3 es lo mismo que 1 L. Por lo tanto, en un dm^3 hay 1,000 cm^3. Así, en 875 dm^3 habrá (875 x 1000) 875,000 cm^3.

62. ¿Cuánto es un pascal?
    a. 1 atm
    b. 1 mmHg
    c. din/cm^2
    d. kgf/cm^2
    e. N/m^2*

El pascal es una unidad de presión. La presión se ejerce sobre una superficie.

63. ¿Cuántas pulgadas hay en un metro?
    a. 3.937
    b. 7.393
    c. 37.39
    d. 39.37*
    e. 73.93

64. ¿Cuál es la velocidad del sonido?
    a. 300 m/s*
    b. 3 000 km/s
    c. 200 000 m/s
    d. 300 000 km/s
    e. 300 000 m/s

65. ¿Cuál es la velocidad de la luz?
    a. 670 millones de millas por hora*
    b. 760 millones de millas por hora
    c. 3 000 miles de millones de millas por hora
    d. 3 000 millones de kilómetros por segundo
    e. 7 600 millones de millas por hora

3×10^8 m/s (1 milla / 1609 m)(3 600 s /1 h)
3×10^8 m/s (1 milla / 1.609 $\times 10^3$ m)(3.6 $\times 10^3$)
$3 \times 10^8 \times 3.6 \times 10^3 / 1.6 \times 10^3$
$3 \times 10^8 \times 3.6 / 1.6$
$10.8 \times 10^8 / 1.6$ millas/h
6.75×10^8 millas/h
675 000 000 millas/h

66. ¿Cuál es la temperatura corporal en una persona sana expresada en grados Fahrenheit?
    a. 20.5
    b. 37
    c. 66.6
    d. 98.6*
    e. 270

°F = °C (9/5) + 32
°F = 37 (1.8) + 32
°F = 66.6 + 32
°F = 98.6

67. ¿Cuál es la longitud total de un péndulo simple que tarde 10 segundos en hacer una oscilación completa?
    a. 21.20 m
    b. 22.15 m
    c. 23.10 m
    d. 25.33 m*
    e. 28.50 m

$T = 2\pi\sqrt{L/g}$
$T^2 = 4\pi^2(L/g)$
$T^2 g = 4\pi^2 L$
$L = T^2 g / 4\pi^2$
$L = (10 s)^2 (9.8 m/s^2) /4\pi^2$
$L = 100 (9.8)/ 4\pi^2$
$L = 980 / 4 \times 9.2$ m
$L = 980 / 38$ m
$L = 25.78$ m

68. ¿Cuál de las siguientes opciones NO es un Watt?
    a. J/s
    b. kg•m²/s³
    c. N•m/s
    d. V•A
    e. V/A*

69. ¿Qué volumen ocupan 140 g de metano (PM = 16) a una presión de 0.4 atm y 50°C de temperatura?
    a. 310 dm³
    b. 320 dm³
    c. 490 dm³
    d. 610 dm³*
    e. 1240 dm³

n = 140/16 = 70/8 = 35/4 = 8.75 moles
T = 50 + 273 = 323
P = 0.4 × 101325 Pa = 40 530 Pa
PV = nRT
V = nRT/P
V = (8.75)(8.314)(323)/40 530
V = 23 497 / 40 530
V = 0.579 m³
V = 579 L

70. ¿Cómo se llama la línea no rotulada en el mismo plano que el haz incidente y el haz reflejado?

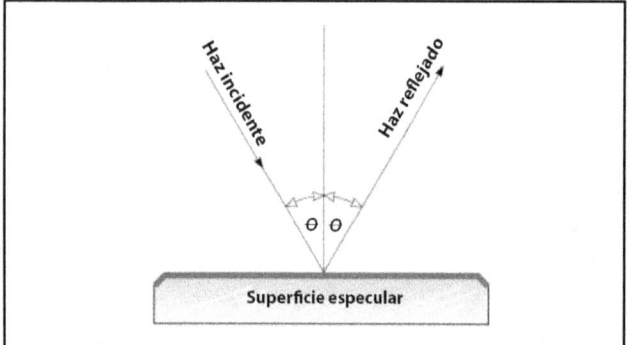

   a. base
   b. bisectriz
   c. normal*
   d. rayita
   e. secante

71. ¿Cual es el punto de ebullición del agua a una presión de 760 mmHg?
   a. 272 K
   b. 273 K
   c. 372 K
   d. 373 K*
   e. 374 K

El 0 ºC es 273 K. EL tamaño de los grados Kelvin y Celsius es el mismo. Así 373 K es igual a 100 ºC.

72. ¿Cómo se definen las unidades de densidad?
   a. masa/superficie
   b. masa/volumen*
   c. peso x distancia
   d. superficie/masa
   e. volumen/masa

Así, kg/m^3, g/cm^3, g/mL, g/L son unidades de densidad.

73. ¿Cuál de las siguientes magnitudes es siempre escalar?
   a. aceleración
   b. desplazamiento
   c. masa*
   d. peso
   e. velocidad

La masa siempre es escalar, tiene una magnitud, un tamaño, pero no una dirección asociada. Cuando se le asocia la dirección de la aceleración se convierte en peso, que sí es vectorial.

74. ¿Cuál es el ángulo complementario del que aparece en la imagen?

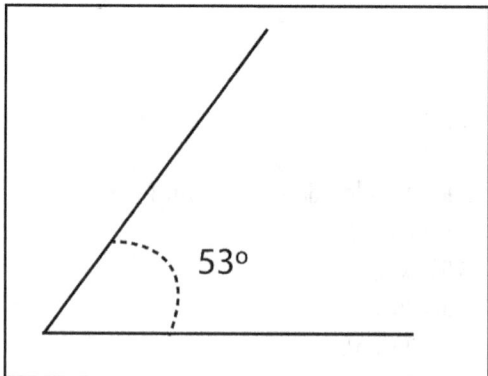

   a. 37º*
   b. 53º
   c. 127º
   d. 217º
   e. 307º

Un ángulo complementario complementa un ángulo de 90º. Un ángulo suplementario completa un ángulo de 180º.

75. Señale el conjunto finito:
   a. H = conjunto de todos los seres humanos*
   b. L = conjunto de todos los triángulos
   c. N = conjunto de todos los números naturales
   d. P = conjunto de todos los números pares
   e. T = {3, 6, 9, 12, 15...}

76. Sea el Universo U = {1, 2, 3, 4, 5, 6, 7, 8, 9, 10}. Sean H = {1, 2, 3, 4}, J = {3, 4, 5}, K = {7, 8, 9}. ¿Cuánto es H'?
   a. { }
   b. {5, 6, 7...}
   c. {5, 6, 7, 8, 9, 10}*
   d. N
   e. U'

H' es el complemento de H. Significa todos aquellos elementos de universo que no están en H.

77. (Sigue de la anterior) H ∩ J:
   a. ∞
   b. { }
   c. {1, 2, 3, 3, 4, 4, 5}
   d. {3, 4}*
   e. {3, 4, 5}

78. (Sigue de la anterior) H' ∩ J':
    a. { }
    b. {1, 2, 3, 4, 5}
    c. {1, 2, 5, 6, 7, 8, 9, 10}
    d. {3, 4}
    e. {6, 7, 8, 9, 10}*

79. Resuelva $8 - \sqrt{-49}$
    a. -41
    b. 1
    c. 8 - 7i*
    d. 15
    e. i

Un número imaginario cumple la igualdad $i^2 = -1$.

80. ¿Qué prefijos del sistema métrico decimal representan qué exponentes?
    a. $f = 10^{-12}$; $k = 10^3$; $m = 10^{-3}$; $n = 10^{-9}$
    b. $M = 10^6$; $k = 10^3$; $m = 10^{-3}$; $n = 10^{-9}$*
    c. $P = 10^{15}$; $T = 10^{12}$; $G = 10^9$; $f = 10^{15}$
    d. $y = 10^{-24}$; $z = 10^{-21}$; $a = 10^{-18}$; $f = 10^{-12}$
    e. $Y = 10^{24}$; $Z = 10^{21}$; $E = 10^{18}$; $n = 10^9$

81. Exprese 148 onzas fluidas en litros:
    a. 0.05 L
    b. 0.42 L
    c. 0.52 L
    d. 4.2 L*
    e. 5.2 L

Una onza fluida son 28 mL: 28 x 148 = 4,144 mL = 4.1 L

82. Exprese 100 acres en hectáreas:
    a. 0.4046 há
    b. 4.046 há
    c. 40.46 há*
    d. 404.6 há
    e. 4 046 há

Un acre es poco menos de media hectárea. Más precisamente 0.4046 há.

83. Equiparar S = {a, b, c, d, e, f} con un subconjunto estándar de N. Hállese n(S).
    a. 0
    b. 6*
    c. 7
    d. 8
    e. 9

Equiparar significa comparar. En este caso un conjunto S de seis elementos con un subconjunto estándar de N. Un subconjunto estándar de N empieza en 1. n(S) significa la cardinalidad del conjunto S. La cardinalidad es el número de elementos. n(S) = 6.

84. ¿Cuántos miligramos (mg) hay en un gramo?
    a. 100
    b. 1 000*
    c. 10 000
    d. 100 000
    e. 1 000 000

Un miligramo es la milésima parte de un gramo. En un gramo caben pues mil miligramos.

85. ¿Cuánto mide una área?
    a. un cuadrado de 1 m por lado
    b. un cuadrado de 10 m por lado*
    c. un cuadrado de 100 m por lado
    d. un cuadrado de 1 000 m por lado
    e. un cuadrado de 10 000 m por lado

86. ¿Cuánto es una tonelada métrica?
    a. 1 megagramo*
    b. 1 000 metros
    c. 1 000 metros^3
    d. 10 000 litros
    e. 1 000 000 000 metros

Una tonelada métrica es el nombre completo de una tonelada, o sea, 1000 kg. Si un kg tiene 1000 g, una tonelada serán 1,000,000 de gramos, que es lo mismo que un megagramo.

87. ¿Cuánto es una pinta de cerveza?
    a. 568 mL*
    b. 668 mL
    c. 768 mL
    d. 868 mL
    e. 968 mL

88. ¿Cuánto es una hectárea?
    a. 100 m²
    b. 1 000 m²
    c. 10 000 m²*
    d. 100 000 m²
    e. 1 000 000 m²

Una área son 100 m². Una hectárea son 100 áreas, es decir, 10,000 m².

89. ¿Cuál es el seno de 0°?
    a. 0*
    b. 0.7071
    c. 1
    d. 3.14 rad
    e. 90

El seno es la función trigonométrica que relaciona el cateto opuesto de un ángulo sobre su hipotenusa. Si el ángulo no existe, puesto que es de 0°, no existe tampoco cateto opuesto: 0/hipotenusa = 0.

90. ¿Cuál es el $\log_4 16\,384$?
    a. 5
    b. 6
    c. 7*
    d. 8
    e. 9

El log base 4 de 16348 = $\log_{10}(16384)/\log_{10}(4)$
= (4.2144) / (0.6020)
= 7.0006
Lo anterior significa que 4 elevado a la 7ma potencia = 16384.

91. ¿Cuál es el inverso aditivo de n?
    a. 0
    b. 1
    c. -n*
    d. n
    e. n²

Un número más su inverso aditivo es igual a 0.

92. ¿Cuál es el grado de la expresión siguiente?
$$4x^3 - 8x^2yz$$
    a. cuarto*
    b. octavo
    c. quinto
    d. segundo
    e. tercero

El grado de un término es la suma de sus exponentes: $8x^2yz = 8x^2y^1z^1$. En una expresión, el término de grado mayor establece el grado de la expresión.

93. ¿Cuál de los siguientes es el conjunto de los enteros?
    a. { }
    b. {... -3, -2, -1, 0, 1, 2, 3...}*
    c. {0, 1, 2, 3, 4...}
    d. {1, 2, 3, 4...}
    e. {2, 3, 5, 7, 11, 13...}

94. ¿Cuál es el conjunto de los números enteros no negativos?
    a. {0}
    b. {0, 1, 2, 3...}*
    c. {-1/2, -1/3, -1/4...}
    d. {1, 2, 3...}
    e. {2, 3, 5, 7, 11, 13...}

95. ¿Cómo se le denomina a la tangente del ángulo de inclinación de una recta coordenada?
    a. cuadrante
    b. elipsoide
    c. inclinación
    d. pendiente*
    e. tangente

96. ¿A cuánto equivalen 100 yardas?
    a. a 30.00 metros
    b. a 90.00 metros
    c. a 91.44 metros*
    d. a 160.9 metros
    e. a 169 metros

Una yarda = 0.9144 m. Por lo tanto 100 yd son iguales a 91.44 m

97. Resuelva: 0.000 87 x 0.000 000 000 14:
    a. 1.21×10^{-15}
    b. 1.21×10^{-14}
    c. 1.21×10^{-13}*
    d. 1.21×10^{-12}
    e. 1.21×10^{-11}

0.000 87 = 8.7×10^{-4}
0.000 000 000 14 = 1.4×10^{-10}
$8.7 \times 10^{-4} \times 1.4 \times 10^{-10}$
= 12.18×10^{-14}
= 1.218×10^{-13}

98. ¿Cuál es el volumen de una caja que mide 4.5 pulgadas x 7.5 pulgadas x 9.0 pulgadas?
- a. 53.34 cm^3
- b. 303.75 cm^3
- c. 771.52 cm^3
- d. 1 959.67 cm^3
- e. 4 899.18 cm^3*

4.5 pulgadas = (4.5 x 2.5 cm) = 11.25 cm
7.5 pulgadas = (7.5 x 2.5 cm) = 18.75 cm
9.0 pulgadas = (9.0 x 2.5 cm) = 22.50 cm
11.25cm x 18.75 cm x 22.50 cm = 4 746.09 cm^3

99. Un jarabe se prepara disolviendo 60 g de azúcar en 100 g de agua. ¿Qué proporción de azúcar se encuentra en el jarabe?
- a. 2.6
- b. 6.0
- c. 37.5*
- d. 60.0
- e. 96.0

El total de la mezcla tiene que pesar 160 g. De ellos 60 g son azúcar. ¿Qué proporción representa?
Si el 100%..son 160 g
¿? %..son 60 g
¿? = 60 x 100 / 160
¿? = 60 x 10 / 16
¿? = 30 x 10 / 8
¿? = 15 x 10 / 4
¿? = 15 x 5 / 2
¿? = 75 / 2
¿? = 37.5%

100. Si usted tiene una solución de 100 U/mL de insulina y prepara una solución que contiene 0.1 U/mL, ¿cuál es la dilución final de la preparación?
- a. 1 : 10
- b. 1 : 100
- c. 1 : 1 000*
- d. 1 : 10 000
- e. 1 : 100 000

100 U/mL, diluida 10 veces sería:
10 U/mL, diluida 10 veces más: 10 x 10 = 100, sería:
1 U/mL, diluida 10 veces más: 10 x 100 = 1000, sería
0.1 U/mL

101. The _____ can't change its spots.
- a. architect
- b. Ethiopian
- c. good name
- d. leopard*
- e. rose

Se trata de un refrán: The leopard can't change its spots. Significa que hay defectos tan enraizados en nuestra naturaleza que no es posible modificarlos. Se originó de la Biblia, del libro de Jeremías (13:23): «Can the Ethiopian change his skin, or the leopard his spots?»

102. What is to curtail?
- a. added
- b. leave
- c. press
- d. push
- e. shorten*

103. What is a loophole?
- a. an ambiguity or omission as in the wording of a law*
- b. duty hours during graduate medical education
- c. hours spent moonlighting
- d. the allowable duty hours
- e. the regulations addressing the medical practice

104. What is a hospitalist?
- a. a resident
- b. daily-progress notes for "educational purposes" in a hospital
- c. doctors whose primary professional focus is hospital medicine*
- d. the hospital charges
- e. the tasks performed by residents

105. What does "cash-strapped" mean?
- a. a. constriction of money*
- b. loop of metal
- c. one skilled in strategy
- d. one who is strange
- e. trick in war

106. What are bedsores?
   a. any of numerous hymenopteran insects
   b. conducted at the bedside of a bedridden patient
   c. the manner that a physician assumes toward patients
   d. ulcerations by prolonged pressure*
   e. urination in bed

En castellano se llaman escaras, y se producen por inmovilización en la cama. Resultan de la presión continua de las apófisis de los huesos sobre la hipodermis y la dermis de la piel.

107. "When you have bedsores all over the place, you can treat them..." The word "them" is an objective pronoun which refers to:
   a. all
   b. bed
   c. bedsores*
   d. place
   e. you

108. What is a resident?
   a. a going to be teacher
   b. a medical student
   c. a medical teacher
   d. a specialty trainee physician
   e. a specialty training physician*

109. To offset:
   a. achieve
   b. balance*
   c. cost
   d. experience
   e. reside

110. The word euthanasia means:
   a. a swear word
   b. chemical process
   c. good death*
   d. good end
   e. terminal illness

111. Synonymous with defray:
   a. challenge
   b. deprive
   c. free
   d. pay*
   e. spoil

112. Stymie:
   a. a fragrant liquid
   b. an instrument for writing
   c. resembling a style
   d. tending to check bleeding
   e. to present an obstacle*

Por ejemplo en la frase: Those changes must not be allowed to stymie so many new medical treatments.

113. Status quo:
   a. an opportunity to improve
   b. being disrupted
   c. graduate medical education
   d. program directors and hospital administrators
   e. the existing state of affairs*

114. In the phrase "On personal grounds". The word grounds is a synonym of:
   a. convictions*
   b. Earth
   c. grit
   d. land
   e. soil

115. Nimble:
   a. agile*
   b. b. annual
   c. c. broad
   d. d. common
   e. e. fail

116. In a hospital, what is a shift?
   a. a broad piece of surgical equipment
   b. a coin representing the hospital
   c. a group who work together in alternation with other groups*
   d. an extra pay
   e. the new rules

117. In the phrase "Doctors should help to end his suffering", the word suffering is:
   a. a noun*
   b. a pronoun
   c. a verb
   d. an adjective
   e. an adverb

118. Handoff:
   a. between caregivers, some data to support concern
   b. to hand the ball from one player to another*
   c. to worry
   d. to suffer
   e. to reduce availability

119. "To tackle an issue" means doctors have to _____ an issue.
   a. avoid
   b. disregard
   c. evade
   d. ignore
   e. resolve*

120. "Free will". In this expression:
   a. both are adjectives
   b. both are verbs
   c. free is a noun and will is an adjective
   d. free is an adjective and will is a noun*
   e. free is an adverb and will is a verb

Refusing male medics

Women may have religious or cultural reasons for not wanting men to be involved in their health care. Pashtoon Murtaza Kasi and colleagues consider the implications and suggest some ways forward.

Health care is becoming increasingly consumer oriented, as patients become choosier about whom they consult. This can lead to medical students getting less exposure to patients in teaching hospitals. And this problem is even more pronounced for male medical students on rotation in specialties such as obstetrics and gynecology, in which the phenomenon of "male refusal"-patients refusing to be seen by a male healthcare professional-is high.

Woman to woman

If you are an obstetrician or gynecologist at a teaching hospital, you usually tell your patient, "This is a medical student. Do you mind if he asks you some questions and examines you with me." Most patients understand the need, but they might be unwilling to volunteer, particularly in a specialty such as obstetrics and gynecology.

In predominantly Muslim societies, cultural values restrict women from exposing their bodies for examination by male doctors. Many women in Pakistan observe strict "parda," for example, and will not allow any man to examine them or even take a history.

And husbands and male relatives may have considerable influence on the decision making process. Often women are not supposed to leave home, even in emergencies.

This is not just a problem in the East, where sociocultural factors denounce the involvement of male medical students in obstetric and gynecological settings. Preference for a female student over a man in all kinds of interactions with patients was also seen in a study in the United Kingdom. The West faces slightly different problems, but the ethical dilemmas remain the same.

The rights of the student are in conflict with the rights of the patient. "There has been a tendency to assume that students have the right to clinical teaching involving patients and that patients have a moral obligation to participate," said the author of a commentary accompanying the UK study. Refusal in this situation might lead to frustration and unwillingness to specialize in specialties that deal predominantly with women's health.

Another ethical dilemma arises when a student whom a patient has refused in clinic is present in the operating room, without the patient's consent (or blanket consent). Rather, a study by Ubel and colleagues found a "decline in the importance that students place on seeking permission from the patient before conducting a pelvic examination while she is anesthetized." The authors "found that students who had completed an obstetrics/gynecology clerkship thought that consent was significantly less important than did those students who had not completed a clerkship (P=0.01)." The conflict is not just between the rights of student and patient but also between education and ethics.

Towards a compromise

Some of the reasons for male refusal are fixed, but some can be worked on. The way a medical student presents and introduces himself can affect a woman's decision about whether to involve him in her care. A survey of more than 1 000 patients found the interpersonal skills of the medical student as the most important factor when deciding about medical student participation. Learning the best ways to start interacting with patients and to take consent might help.

Another study, a randomized control trial, investigated obtaining patients' permission for student participation in their health care. The results show that patients prefer someone other than a doctor or medical student to ask whether they mind having a medical student involved in their care. When a doctor or the student himself asks, it puts pressure on the patient to agree. A third party might help avoid embarrassment for patient and medical student.

Targeting patients who are likely to consent might also help, and their characteristics need to be identified. Studies report that older women with children are more likely to consent. Similarly, patients with higher education, higher parity and those who have had more experience with medical students are more likely to consent for medical student participation. Women who had been pregnant before were likely to agree to medical students but there was no difference between the sex of the student.

Male refusal also depends on the consultant. Some consultants will push their patients to let male students participate; others will take it for granted that a patient will refuse being seen by a man. A standard protocol for taking consent, by a nurse, for example, could help reduce the disparity.

A work around would be to limit history taking to clinics and physical examinations to models. But this might not work because clinical skills cannot be learnt on models alone.

Finally, having patients help teach students is an emerging area of interest. Giving them active roles as "patient teachers" is an interesting concept. How would this system work, and would patients be paid for volunteering?

The road ahead

The situation is not all that bad. Most patients are willing to involve medical students in their care provided the comfort of the patient is maintained and their point of view respected.

Understanding the dynamics of consent is of prime importance, especially for teaching hospitals, at which medical students are involved in patient care. And counseling patients as to why students need to see patients has largely been neglected.

We need to explore and evaluate various methods of the process of obtaining consent to identify best practice. A standard method might save patient and male medical student embarrassment and provide both with an environment based on mutual respect and care.

Patients' autonomy must be respected, as must the cultures in which we live. A lack of involvement of men in women's health might, however, lead to fewer men choosing to work in obstetrics and gynecology. Women also present in settings other than obstetrics and gynecology, though. And male refusal might also lead to lack of interest by male doctors in screening normal women and advising about contraception and other matters pertaining to women's health.

Pashtoon Murtaza Kasi, final year medical student,

Rabeea Rehman, final year medical student, Aga Khan University, Karachi, 74800, Pakistan

Ferha Saeed, instructor, Department of Obstetrics and Gynecology, Aga Khan University, Karachi

121. What does the adjective 'blanket' mean in this article's context?
    a. a skillful flattering
    b. complete freedom of action
    c. covering all members of the group*
    d. to cover with
    e. to sound loud

122. What did a doctor do during his clerkship?
    a. he became ape
    b. he has become apt
    c. he has buttoned his collar
    d. he has maintained a church
    e. he has ordered hospital records*

123. What's the meaning of choosier?
    a. a sharp downward blow
    b. a waxy substance
    c. inclined to be very selective*
    d. to change direction
    e. to chew or bite noisily

124. Andrea _____ the floor with a brush.
    a. scored
    b. scotched
    c. scoured*
    d. scouted
    e. swabed

scored significa anotar un punto en un torneo, concurso o competencia.
scotched ponerle fin a un asunto pendiente
scouted explorar. De ahí viene la palabra boy-scout.
swab es una gasa de hospital. To swab es el verbo que significa aplicar una gasa

125. ¿Quién es el autor de la Divina Comedia?
    a. Dante Alighieri*
    b. Erasmo de Róterdam
    c. François Rabelais
    d. Honorato de Balzac
    e. Nicolás Maquiavelo

La novela de Balzac se llama *La comedia humana*.

126. Complete el nombre de la obra de García Márquez: La increíble y triste historia de la _____ _____ y de su abuela desalmada.
    a. bella Remedios
    b. cándida Eréndira*
    c. esperada Anunciación
    d. gitana Esmeralda
    e. increíble Angustias

127. ¿De qué novela es personaje El Caballero de los Espejos?
    a. Amadís de Gaula
    b. El Cid
    c. El Quijote*
    d. La Divina Comedia
    e. Los Tres Mosqueteros

128. Señale la oración correcta:
    a. Ya hemos llegado todos, con que vamos a empezar la reunión.
    b. Ya hemos llegado todos, con qué vamos a empezar la reunión.
    c. Ya hemos llegado todos, cón que vamos a empezar la reunión.
    d. Ya hemos llegado todos, conque vamos a empezar la reunión.*
    e. Ya hemos llegado todos, conqué vamos a empezar la reunión.

129. Señale la forma correcta de escribir la palabra:
    a. ecencia
    b. esencia*
    c. esensia
    d. escencia
    e. escensia

130. Quién es la autora de Mal de amores?
    a. Ángeles Mastretta*
    b. Isabel Allende
    c. Juana Meléndez
    d. María Luisa Mendoza
    e. Rosario Castellanos

131. ¿Quién es el creador del personaje llamado Dorian Gray?
    a. Eric Malpass
    b. F. Scott Fitzgerald
    c. Oscar Wilde*
    d. T. H. Lawrence
    e. William Shakespeare

132. ¿Quién es el autor de La historia de San Michele?
    a. Axel Munthe*
    b. Dan Brown
    c. Esme Howard
    d. Paul de Kruiff
    e. Umberto Eco

133. ¿Qué significa "perdulario"?
    a. aquel que no encuentra su camino
    b. descuidado con su persona y bienes*
    c. el que vende verduras en una plaza pública
    d. fanfarrón, persona que presume de valiente
    e. temporal, destinado a acabarse

134. ¿Qué significa "inconsútil"?
    a. dúctil
    b. que no está contaminada
    c. que no puede consumarse
    d. sin costuras*
    e. sutil

135. ¿Qué significa asertivo?
    a. afirmativo*
    b. cortado
    c. hecho
    d. juzgado
    e. participativo

136. ¿Qué es un hiato?
    a. diptongo al que le corresponde una tilde que no se coloca por licencia poética
    b. encuentro de dos vocales que se pronuncian en sílabas distintas*
    c. la acentuación de un diptongo
    d. onomásticos o patronímicos de origen catalán terminado en -iu o -ius
    e. un vocablo agudo terminado en au, eu y ou

137. Poetisa potosina, autora, entre otras, de Tratando de encender palabras:
    a. Beatriz Velásquez
    b. Dolores Castro
    c. Elisa Carlos
    d. Isabel Galán
    e. Juana Meléndez*

138. Intrincar:
    a. enredar o enmarañar una cosa*
    b. imponer tributo
    c. inspirar viva curiosidad una cosa
    d. intención solapada o razón oculta
    e. interiormente, esencialmente

139. "Cuando despertó, el dinosaurio todavía estaba allí."
    a. Augusto Monterroso*
    b. Carlos Fuentes
    c. Jorge Luis Borges
    d. Julio Cortázar
    e. Paco Ignacio Taibo II

Se trata del cuento El dinosaurio, de Augusto Monterroso, un cuento de solo siete palabras.

140. ¿Cuál es el mejor ejemplo de palabras parónimas?
    a. dejar, llevar
    b. ganar, perder
    c. llegar, irse
    d. llorar, reír
    e. queso, beso*

Son palabras parónimas aquellas que suenan similar pero significan cosas no relacionadas.

141. ¿Cuál es un ejemplo de palabras homófonas?
    a. ácido — álcali
    b. bacilo — vacilo*
    c. blanco — negro
    d. dulce — amargo
    e. puntual — preciso

Son palabras homófonas las que tienen el mismo sonido aunque se escriben diferente y significan cosas también diferentes.

142. ¿Cuál es la oración correcta?
    a. Este es el por que de su decisión.
    b. Este es el por qué de su decisión.
    c. Este es el porque de su decisión.
    d. Este es el pórque de su decisión.
    e. Este es el porqué de su decisión.*

Cuando porqué es sustantivo se escribe como una sola palabra y se acentúa en la é final ya que es una palabra aguda terminada en vocal. Cuando se pregunta son dos palabras y se acentúa: ¿Por qué me acentúas? Cuando se responde es una sola palabra grave que no lleva acento escrito: Porque eso es lo correcto.

143. ¿Cuál es la forma correcta de la primera persona del singular en presente de indicativo del verbo forzar?
    a. forso
    b. forzo
    c. fuerce
    d. fuerso
    e. fuerzo*

Forzar se conjuga como almorzar:
yo fuerzo
tú fuerzas
él fuerza
nosotros forzamos
vosotros forzáis
ellos fuerzan

144. ¿Cuál es la forma correcta de escribirlo?
    a. jesuita*
    b. jésuita
    c. jesúita
    d. jesuíta
    e. jesuitá

145. ¿Cuál era el verdadero nombre de Mark Twain?
    a. Edward Henry
    b. Francis Galton
    c. Gilbert Thompson
    d. Henry Faulds
    e. Samuel Clemens*

146. Conjugue correctamente el verbo diferenciar:
    a. yo diferencio, tú diferencias, él diferencia*
    b. yo diferencío, tú diferencías, él diferencía
    c. yo diferensio, tú diferensías, él diferensía
    d. yo diferiencio, tú diferiencias, él diferiencia
    e. yo diferiencío, tú diferiencías, él diferiencía

147. Cercano, semejante a, que confina o linda con una cosa:
    a. raulí
    b. ravenés
    c. rayano*
    d. rayente
    e. ráyido

rauli Árbol útil en la construcción.
ravenés Habitante u originario de Ravena, Italia.
rayente Fastidioso, fastidiosa.
ráyido Peces como la raya o el torpedo.

148. Autora de Balún-Canán, Oficio de tinieblas, El eterno femenino?
   a. Ángeles Mastretta
   b. Elena Poniatowska
   c. Gabriela Mistral
   d. Isabel Allende
   e. Rosario Castellanos*

149. ¿A qué tiempo del modo subjuntivo corresponde el término "ellos hubiesen habido"?
   a. antecopretérito
   b. antefuturo
   c. antepospretérito
   d. antepresente
   e. antepretérito*

que yo hubiese habido
que tú hubieses habido
que él hubiese habido
que nosotros hubiésemos habido
que vosotros hubieses habido
que ellos hubiesen habido

150. ¿Qué significa «crematístico»?
   a. es una palabra que lleva diéresis
   b. incinerar un cadáver
   c. que deriva de la grasa de la leche
   d. relacionado con el dinero*
   e. tiene que ver con el azar

151. ¿Quién nació en Villahermosa, Tabasco; murió en Brindisi, Italia; fue becado por la fundación Guggenheimm; usó el simbolismo, el escepticismo, las ideas herméticas y la inversión de la lógica?
   a. Carlos Pellicer
   b. Homero Aridjis
   c. Jaime Sabines
   d. José Carlos Becerra*
   e. Octavio Paz

152. El pospretérito del verbo haber conjugado en la segunda persona del singular es:
   a. habías
   b. habrás
   c. habrías*
   d. hubiste
   e. hubistes

Yo habrías
Tú habrías
Él habría
Nosotros habríamos
Vosotros habríais
Ellos habrían

153. ¿Qué clase de error ocurre en la locución siguiente: Tengo ganas de ir al cine, mas pero sin embargo no tengo dinero para comprar el boleto.
   a. elipsis
   b. hipérbaton
   c. metáfora
   d. pleonasmo*
   e. silepsis

Ya que: mas = pero = sin embargo.
Las tres significan lo mismo. La idea se repite con otras palabras innecesarias. Esto precisamente es un pleonasmo.

154. En la teoría de la comunicación, ¿a qué se le llama código?
   a. a lo que se comunica
   b. a quien recibe el mensaje
   c. al lenguaje que se utiliza*
   d. al medio por el cual viaja el mensaje
   e. es todo aquello que dificulta la recepción del mensaje

Lo que se comunica es el **mensaje**. Quien recibe el mensaje es el **receptor**. El medio por el cual viaja el mensaje es el **canal**. El **ruido** o **interferencia** es todo aquello que dificulta la recepción del mensaje.

155. ¿Cuál es la menos mala de las siguientes expresiones:
   a. Ahora que, has investigado, redacta una carta
   b. El hombre, se murió, enfermo
   c. Son novelas, es una trilogía es un libro bonito
   d. Una vez, que murió el rico hacendado, fue enterrado
   e. Utiliza láminas, carteles, cuadros y diapositivas para la exposición*

Ninguna es una frase de una redacción espectacular, pero la mejor escrita es la última porque enlista cosas y las separa por comas. Al final, antes de la conjunción «y» también podría ir una coma. A eso se le llama conjunción yuxtapuesta y es correcta. El resto de las frases exagera o carece de comas. Una mejor sintaxis sería: Ahora que has investigado, redacta una carta; El hombre se murió enfermo; Son novelas, es una trilogía, es un libro bonito; Una vez que murió el rico hacendado, fue enterrado; Utiliza láminas, carteles, cuadros, y diapositivas para la exposición.

156. ¿Quién es el autor de "The Da Vinci Code"?
   a. Dan Brown*
   b. James Clavell
   c. Morris West
   d. Taylor Caldwell
   e. Tracy Chevalier

El Código Da Vinci es una novela del americano Dan Brown. Es un éxito de ventas en la librerías. Eso es lo que la hace muy preguntable. La novela está llena de datos verídicos de cultura general.

157. ¿Quién es el autor de unas importantes coplas a la muerte de su padre?
   a. Francisco de Quevedo
   b. Jorge Manrique*
   c. León Felipe
   d. Lope de Vega
   e. Luis de Góngora

158. «Amo el canto del zenzontle,
pájaro de las cuatrocientas voces.
Amo el color del jade,
y el enervante perfume de las flores,
pero lo que más amo es a mi hermano,
el hombre.» Es un poema de Nezahualcóyotl que aparece en los billetes de:
   a. 20 pesos
   b. 50 pesos
   c. 100 pesos*
   d. 200 pesos
   e. 500 pesos

159. Encuentre la opción con una falta de ortografía:
   a. El coche que se han comprado es de segunda mano.
   b. No sé que estarán haciendo ahora.*
   c. No te levantes, que yo abro la puerta.
   d. ¿Qué hora es?
   e. Ven que te lave las manos.

Ven que te lave las manos es una frase correcta. Ven para que te lave las manos, también es una frase correcta.
La frase No sé qué estarán haciendo ahora, debe llevar acento en qué, porque, aunque no hay signos de interrogación, sí está funcionando como pronombre interrogativo.

160. ¿Cuánta medicina debo tomar?
   a. análisis
   b. analogía
   c. contabilidad
   d. peso
   e. posología*

Posología viene de poso = cuánto; y logía, estudio. Es la parte de la farmacología que estudia las dosis terapéuticas de los medicamentos.

161. Sin par:
   a. acidilo
   b. aciesis
   c. ácigos*
   d. acinesia
   e. acino

162. Semio:
   a. dos
   b. mano
   c. pie
   d. primate
   e. signo*

163. Se tendió boca abajo:
   a. dorsal
   b. pleural
   c. prono*
   d. supino
   e. ventral

164. ¿Qué significa prosopagnosia?
    a. caer la cara hacia adelante
    b. dudar de dar un paso hacia adelante
    c. emitir ruidos semejantes a animales
    d. no reconocer las caras*
    e. protruir la mandíbula hacia adelante

165. Paleo:
    a. antiguo*
    b. arrastrarse
    c. ausencia
    d. blanco
    e. blando

166. Onico:
    a. hongo
    b. montaña
    c. tumor
    d. único
    e. uña*

167. Oma:
    a. tumor*
    b. unir
    c. uña
    d. útero
    e. verdadero

168. Nema:
    a. enfermedad
    b. hilo*
    c. noche
    d. soplo
    e. unidad

169. Herper:
    a. feo
    b. fuerte
    c. más
    d. uña
    e. víbora*

170. Gerón:
    a. información
    b. letra
    c. origen
    d. significado
    e. viejo*

171. Foro:
    a. brillar
    b. común
    c. que lleva*
    d. remolino
    e. vuelta

172. Feo:
    a. cueva
    b. de
    c. descolorido
    d. duende
    e. oscuro*

173. Ethos:
    a. costumbre*
    b. origen
    c. raza
    d. sociedad
    e. verdadero

174. Cortar:
    a. ana
    b. foné
    c. inmuno
    d. morfé
    e. tomé*

175. Blanco:
    a. Albus*
    b. Minerva
    c. Rubeus
    d. Severus
    e. Sirius

176. Acanto:
   a. enigma
   b. espina*
   c. melodía
   d. negro
   e. polilla

177. Ab:
   a. a través
   b. acercar
   c. acero
   d. alejar*
   e. frente

178. Terato (τερασ):
   a. cuatro
   b. feo
   c. lagarto
   d. monstruo*
   e. mucho

179. Se trata de un conocimiento amplio e integral:
   a. ecléctico
   b. ecológico
   c. epistemológico
   d. holístico*
   e. teleológico

La Ecología pretende ser una ciencia holística porque engloba muchos conceptos, y se propone resolver un sinnúmero de problemas interconectados. Lo ecléctico incluye elementos, opiniones, estilos, etc., de carácter muy diverso. La Epistemología es la parte de la Filosofía que estudia el llamado problema del conocimiento. Lo teleológico tiene que ver con las causas últimas de las cosas, las razones finales del ser.

180. Selecciones la opción que contenga el nombre de tres empresas de telecomunicaciones:
   a. Cisco Systems, Télmex, Nokia Siemens Network*
   b. Femsa, Petrobras, Megacable
   c. ICA, GEA, Camino Real
   d. Motorola, Tamsa y Ecotel
   e. Sky, Pepsico, AT & T

AT & T tiene sus matriz en Dallas, Tex. Es el principal proveedor de telefonía fija de Estados Unidos y el segundo proveedor de telefonía celular.
Camino Real es un grupo hotelero mexicano.
Cisco Systems, Inc. es una compañía americana de San José, California, que diseña, vende y manufactura equipos de redes informáticas.
Ecotel es un proveedor de telefonía celular de Ucrania.
Femsa (Fomento Económico Mexicano, S.A.B. de C.V., es la compañía de bebidas más grande de México y de Latinoamérica y el mayor embotellador de Coca-Cola en el mundo.
GEA fue una compañía automotriz sueca.
ICA, Ingeniero Civiles Asociados es una gran constructora mexicana.
Megacable Holdings S. A. B. de C.V. es un operador mexicano de cable y proveedor de internet y telefonía. Tiene su base en la Colonia El Fresno, en Guadalajara, Jalisco.
Motorola, Inc. era una compañía americana de telecomunicaciones ubicada en Schaumburg, Illinois. Después de perder 5 000 millones de dólares la compañía se dividió en Motorola Mobility y Motorola Solutions en el 2011.
Nokia Siemens Networks es una compañía de manejo de datos y de telecomunicaciones ubicada en Espoo, Finlandia. Hoy en día es propiedad de Nokia Corporation. Llegó a operar en 150 países En abril del 2014 anunciaron que el nombre Nokia desaparecía.
Pepsico es el consorcio que incluye bebidas, entre las que destaca Pepsi-Cola, y comida de alto contenido calórico y bajo contenido proteico como Sabritas y Lay's. Incluye marcas como Gatorade y Quaker Oats.
Petrobras es la compañía petrolera más rica de América Latina. Está ubicada en Brasil.
Sky es un proveedor de televisión satelital americano y europeo.
Tamsa es una compañía de transporte marítimo.
Télmex es una compañía mexicana de telecomunicaciones con fuertes intereses en Argentina, Chile, Colombia, Brasil y Ecuador. El 90% de las líneas fijas de telefonía mexicanas son propiedad de Télmex quien, además, ofrece servicios de Internet. Télmex es propiedad de América Móvil.

181. ¿Quién es el actual Primer Ministro del Reino Unido?
    a. David Cameron*
    b. Gordon Brown
    c. John Major
    d. Margaret Thatcher
    e. Tony Blair

182. ¿Cuál es el único libro en latín que ha aparecido en la lista de Bestsellers del New York Times?
    a. *De Optimo Genere Oratorum* (El mejor orador)
    b. *Hippocratic Corpus* (Medicina de Hipócrates)
    c. *Nicomachean Ta Ethika* (Ética para Nicómaco)
    d. *Odes* (Odas)
    e. *Winnie ille Pu* (Winnie-the-Pooh)*

183. ¿Quién descubrió los virus?
    a. Antonie van Leeuwenhoek
    b. Dmitri Ivanovsky*
    c. Edward Jenner
    d. James Watson
    e. Louis Pasteur

184. ¿Quién es el autor de *De Humani Corporis Fabrica*?
    a. Andreas Vesalius*
    b. Claudio Galeno
    c. Hipócrates
    d. Michael Servetus
    e. William Hervey

185. ¿Dónde nació Marie Curie?
    a. Bélgica
    b. Francia
    c. Polonia*
    d. Rusia
    e. Suiza

186. ¿Dónde funcionó el primer banco de sangre del mundo?
    a. Cook County Hospital (Chicago)*
    b. Hospital Central Dr. Ignacio Morones Prieto (SLP)
    c. Hospital Infantil de México
    d. Massachusetts General Hospital (Boston)
    e. Saint Lukes Hospital (Houston)

187. ¿Cuándo se descubrieron los rayos X?
    a. el 5 de enero de 1896
    b. el 6 de febrero de 1987
    c. el 10 de diciembre de 1901
    d. el 28 de diciembre de 1895*
    e. el 30 de junio de 1905

188. ¿Quién recibió dos premios Nóbel en Química?
    a. Albert Einstein
    b. Frederick Sanger*
    c. John Bardeen
    d. Linus Pauling
    e. Marie Curie

Frederick Sanger (1918 - 2013) recibió dos veces el premio Nóbel. En 1958 por el método para secuenciar los aminoácidos constituyentes de las proteínas; en 1980 por el método de secuenciación del DNA.

189. ¿Quién inventó el microscopio?
    a. Antonie van Leeuwenhoek
    b. Galileo Galilei
    c. Hans y Zacharias Jansen, y Hans Lippershey*
    d. Louis Pasteur
    e. Sigmund Freud

Hans Jansen inventó el microscopio. Su padre, Zacharias, seguramente participó en la invención. Leeuwenhoek sólo perfeccionó el aparato y pulió cuidadosamente las lentes. Hans Lippershey también participó, aunque su interés primordial era el telescopio, para el cual solicita una patente por 30 años en 1608.. El microscopio fue inventado en Holanda, hacia 1590. Galileo Galilei solo fue un usuario muy dedicado del telescopio. El químico Louis Pasteur utilizó el microscopio para sus investigaciones, pero su invención fue la vacuna contra la rabia y la prueba irrefutable de la no existencia de la generación espontánea. Aunque vio profundamente dentro de la mente humana, Sigmund Freud no tiene relación con la invención del microscopio.

190. ¿Qué significa El Tajín, en Veracruz?
    a. cielo
    b. furias
    c. precipicio
    d. relámpago*
    e. río

191. ¿En qué estado de la república mexicana se encuentra Chichén Itzá?
   a. Campeche
   b. Oaxaca
   c. Quintana Roo
   d. Tabasco
   e. Yucatán*

192. ¿Cuáles son los dos países más grandes del mundo?
   a. Canadá y China
   b. China y Australia
   c. China y Rusia
   d. Rusia y Canadá*
   e. Rusia y Estados Unidos

193. ¿En qué municipio se ubica la ciudad de Cancún?
   a. Andrés Quintana
   b. Benito Juárez*
   c. Cancún
   d. Luis Echeverría
   e. Solidaridad

194. ¿En qué estado de la República Mexicana queda San Luis Río Colorado?
   a. Baja California
   b. Baja California Sur
   c. Chihuahua
   d. Sinaloa
   e. Sonora*

195. ¿Quién es el autor de Pacem in Terris (Paz en la Tierra), primera encíclica dirigida a «todos los hombres de buena voluntad»?
   a. Benedicto XVI
   b. Francisco
   c. Juan Pablo I
   d. Juan Pablo II
   e. Juan XXIII*

196. ¿Qué presidente mexicano convocó al concurso para elegir el Himno Nacional?
   a. Antonio López*
   b. Benito Juárez
   c. Francisco Madero
   d. Guadalupe Victoria
   e. Lázaro Cárdenas

Antonio López de Santa Anna y Pérez de Lebrón (1794 – 1876) fue presidente de México 11 veces, sumando un periodo no consecutivo de 22 años. La letra del himno fue compuesta por el poeta oriundo de San Luis Potosí, Francisco González Bocanegra (1824 - 1861) en 1853. En 1854, el catalán Jaime Nunó Roca (1824 - 1908) compuso la música del himno que desde entonces acompaña al poema de González. El himno, compuesto de diez estrofas, entró en uso el 15 de septiembre de 1854.

197. ¿Cuál es el número que falta en esta secuencia?
$$77, 49, 36, \_\_\_, 8$$
   a. 18*
   b. 24
   c. 28
   d. 38
   e. 49

7x7 = 49; 3x6 = 18; 1x8 = 8

198. Ordene la siguiente frase:
- 1. aparato
- 2. el
- 3. El
- 4. es
- 5. mide
- 6. pH.
- 7. potenciómetro
- 8. que
- 9. un

   a. 1 5 3 4 8 9 2 6 7
   b. 2 7 4 9 1 8 5 3 6
   c. 3 1 7 4 9 8 5 2 6
   d. 3 7 4 9 1 8 5 2 6*
   e. 7 4 9 1 8 5 2 6 3

El potenciómetro es un aparato que mide el pH.

199. Seleccione la opción que NO contenga el nombre de un navegador para Internet:
   a. Google Chrome
   b. Mozilla Firefox
   c. Internet Explorer
   d. Opera
   e. Windows 8*

Windows 8 es un sistema operativo, los otros son navegadores (web browsers).

200. ¿Cuál es el nombre de un conjunto de equipos de cómputo por medio de cables, señales, ondas o cualquier otro método de transporte de datos que comparten información, recursos y servicios?
   a. Internet
   b. intranet
   c. protocolo
   d. red informática*
   e. Wi-Fi

Internet Red global de computación que provee instalaciones de comunicación y de manejo de información. Consta de redes interconectadas mediante protocolos estándares de comunicación.

intranet Una red local o restringida. Una red privada que utiliza software similar al utilizado en la Web.

protocolo Conjunto de reglas que gobiernan el intercambio de información o la transmisión de datos entre aparatos.

Wi-Fi Instalaciones que permiten que computadoras, smartphones, y otros aparatos se conecten al Internet o se comuniquen entre sí inalámbricamente en un área particular.

www.ingramcontent.com/pod-product-compliance
Lightning Source LLC
Chambersburg PA
CBHW080837170526
45158CB00009B/2578